T0197072

essentials

essentials liefern aktuelles Wissen in konzentrierter Form. Die Essenz dessen, worauf es als „State-of-the-Art" in der gegenwärtigen Fachdiskussion oder in der Praxis ankommt. *essentials* informieren schnell, unkompliziert und verständlich

- als Einführung in ein aktuelles Thema aus Ihrem Fachgebiet
- als Einstieg in ein für Sie noch unbekanntes Themenfeld
- als Einblick, um zum Thema mitreden zu können

Die Bücher in elektronischer und gedruckter Form bringen das Fachwissen von Springerautor*innen kompakt zur Darstellung. Sie sind besonders für die Nutzung als eBook auf Tablet-PCs, eBook-Readern und Smartphones geeignet. *essentials* sind Wissensbausteine aus den Wirtschafts-, Sozial- und Geisteswissenschaften, aus Technik und Naturwissenschaften sowie aus Medizin, Psychologie und Gesundheitsberufen. Von renommierten Autor*innen aller Springer-Verlagsmarken.

Stefan Tappe

Stochastische partielle Differentialgleichungen

Springer Spektrum

Stefan Tappe
Abteilung für Mathematische Stochastik
Albert-Ludwigs-Universität Freiburg
Freiburg, Deutschland

Fakultät für Mathematik und
Naturwissenschaften
Bergische Universität Wuppertal
Wuppertal, Deutschland

ISSN 2197-6708   ISSN 2197-6716   (electronic)
essentials
ISBN 978-3-662-68348-4   ISBN 978-3-662-68349-1   (eBook)
https://doi.org/10.1007/978-3-662-68349-1

Die Deutsche Nationalbibliothek verzeichnet diese Publikation in der Deutschen Nationalbiblio-grafie; detaillierte bibliografische Daten sind im Internet über http://dnb.d-nb.de abrufbar.

Planung/Lektorat: Andreas Ruedinger
Springer Spektrum ist ein Imprint der eingetragenen Gesellschaft Springer-Verlag GmbH, DE und ist ein Teil von Springer Nature.
Die Anschrift der Gesellschaft ist: Heidelberger Platz 3, 14197 Berlin, Germany

Das Papier dieses Produkts ist recyclebar.

Was Sie in diesem *essential* finden können

- Eine Einführung in die Theorie der stochastischen partiellen Differentialgleichungen.
- Die dafür benötigten mathematischen Hilfsmittel wie das Bochner-Integral, das Itô-Integral und die Itô-Formel.
- Existenz- und Eindeutigkeitsresultate sowie Anwendungsbeispiele.

Ich widme dieses Buch meiner Frau Claudia, meiner Mutter Monika und meinem Vater Hans-Jörn, in großer Liebe und Dankbarkeit

Stefan Tappe

Inhaltsverzeichnis

1 Einleitung 1

2 Zufallsvariablen in unendlicher Dimension 5
   2.1 Das Bochner-Integral auf Banachräumen 5
   2.2 Der Satz von Fubini für Bochner-Integrale 7
   2.3 Das Bochner-Integral bezüglich des Lebesgue-Maßes 8
   2.4 Das Bochner-Integral bezüglich eines
       Wahrscheinlichkeitsmaßes 10
   2.5 Gauß'sche Zufallsvariablen in Hilberträumen 10

3 Stochastische Prozesse in unendlicher Dimension 13
   3.1 Grundlagen aus der Theorie stochastischer Prozesse 13
   3.2 Martingale in Banachräumen 17
   3.3 Wienerprozesse in Hilberträumen 17
   3.4 Das pfadweise Bochner-Integral 18
   3.5 Das Itô-Integral 20
   3.6 Der stochastische Satz von Fubini 23
   3.7 Die Itô-Formel 23

4 Stochastische partielle Differentialgleichungen 27
   4.1 Lösungskonzepte 27
   4.2 Existenz und Eindeutig von milden Lösungen 34

A Lineare Operatoren 45

B Weitere Hilfsresultate 53

Literatur 57

Stochastische partielle Differentialgleichungen (kurz SPDGL) der Form

$$\begin{cases} dX_t = (AX_t + \alpha(X_t))dt + \sigma(X_t)dW_t \\ X_0 = x_0. \end{cases} \tag{1.1}$$

haben vielfältige Anwendungen bei der Modellierung ökonomischer und naturwissenschaftlicher Vorgänge. Das Ziel des vorliegenden Buches besteht darin, eine kurze Einführung in dieses Thema zu geben. Vorab sei bemerkt, dass es mehrere Ansätze für das Studium stochastischer partieller Differentialgleichungen gibt. Wir erwähnen den Halbgruppen-Ansatz (siehe etwa [2, 6]), den variationellen Ansatz (siehe etwa [12] oder die neueren Monographien [9, 11]) und den Ansatz, der auf sogenannten Martingalmaßen beruht; hierbei sei exemplarisch auf [15] verwiesen.

In diesem Buch wird es ausschließlich um den Halbgruppen-Ansatz gehen. Genauer gesagt werden wir uns SPDGLn der Form (1.1) ansehen, bei denen A der Erzeuger einer stark stetigen Operatorhalbgruppe ist. Wir werden nun der Reihe nach erläutern, wie wir von gewöhnlichen auf stochastische Differentialgleichungen, und schließlich von stochastischen auf stochastische *partielle* Differentialgleichungen kommen. Als erstes betrachten wir eine $\mathbb{R}^d$-wertige gewöhnliche Differentialgleichung (DGL)

$$\frac{dX_t}{dt} = \alpha(X_t), \quad X_0 = x_0 \tag{1.2}$$

mit einem Koeffizienten $\alpha : \mathbb{R}^d \to \mathbb{R}^d$ und einem Startpunkt $x_0 \in \mathbb{R}^d$. Es ist gut bekannt, dass wir die DGL (1.2) alternativ als die Integralgleichung

S. Tappe, *Stochastische partielle Differentialgleichungen*, essentials, https://doi.org/10.1007/978-3-662-68349-1_1

$$X_t = x_0 + \int_0^t \alpha(X_s)ds \quad \forall t \in \mathbb{R}_+ \tag{1.3}$$

schreiben können. Diese Erkenntnis ist von Bedeutung, wenn wir zu *stochastischen* Differentialgleichungen (SDGL) der Form

$$\begin{cases} dX_t = \alpha(X_t)dt + \sigma(X_t)dW_t \\ X_0 = x_0 \end{cases} \tag{1.4}$$

übergehen. Hierbei sind $\sigma : \mathbb{R}^d \to \mathbb{R}^{d \times m}$ ein weiterer Koeffizient und W ein $\mathbb{R}^m$-wertiger Wienerprozess, durch den der Zufall ins Spiel kommt. Bekanntlich sind die Pfade eines Wienerprozesses zwar stetig, aber nirgends differenzierbar. Darum verstehen wir unter einer Lösung der SDGL (1.4) einen stochastischen Prozess X, der die Integralgleichung

$$X_t = x_0 + \int_0^t \alpha(X_s)ds + \int_0^t \sigma(X_s)dW_s \quad \forall t \in \mathbb{R}_+$$

erfüllt. Verglichen mit (1.3) taucht hier zusätzlich das sogenannte Itô-Integral bezüglich des Wienerprozesses auf. Bei SDGLn vom Typ (1.4) dürfen wir allgemeiner annehmen, dass der Zustandsraum der Gleichung ein separabler Hilbertraum H (anstatt bisher $\mathbb{R}^d$), und dass der Zustandsraum des Wienerprozesses W ein separabler Hilbertraum U (anstatt bisher $\mathbb{R}^m$) ist.

Um nun zu stochastischen *partiellen* Differentialgleichungen überzugehen, betrachten wir die Gl. (1.1), bei der zusätzlich ein typischerweise unbeschränkter linearer Operator $A : H \supset \mathcal{D}(A) \to H$ hinzukommt. Bei dem in diesem Buch betrachteten Halbgruppen-Ansatz nehmen wir stets an, dass A der Erzeuger einer C_0-Halbgruppe $(S_t)_{t \geq 0}$ ist. Diese Annahme ist bei vielen Anwendungen erfüllt, etwa bei der Heath-Jarrow-Morton-Musiela-Gleichung (4.14) aus der Finanzmathematik und bei der stochastischen Wärmeleitungsgleichung (4.16), die wir am Ende dieses Buches kurz besprechen werden. Unter einer sogenannten milden Lösung der SPDGL (1.1) verstehen wir dann eine Lösung der Integralgleichung

$$X_t = S_t x_0 + \int_0^t S_{t-s}\alpha(X_s)ds + \int_0^t S_{t-s}\sigma(X_s)dW_s \quad \forall t \in \mathbb{R}_+.$$

Dieses Buch ist folgendermaßen aufgebaut. In Kap. 2 behandeln wir Zufallsvariablen in unendlicher Dimension. Dort werden wir unter anderem das Bochner-Integral und Gauß'sche Zufallsvariablen in Hilberträumen kennenlernen. In Kap. 3

behandeln wir stochastische Prozesse in unendlicher Dimension. Dort werden wir insbesondere das Itô-Integral und die Itô-Formel kennenlernen. In Kap. 4 behandeln wir dann stochastische partielle Differentialgleichungen der Form (1.1). Wir werden die relevanten Lösungskonzepte besprechen und anschließend Existenz- und Eindeutigkeitsresultate behandeln. Zur Erleichterung der Lektüre werden wir in Anhang A die benötigten Konzepte und Resultate aus der Theorie linearer Operatoren bereitstellen, und in Anhang B weitere Hilfsresultate wie den Banach'schen Fixpunktsatz und das Lemma von Gronwall.

Zufallsvariablen in unendlicher Dimension 2

In diesem Kapitel behandeln wir Zufallsvariablen in unendlicher Dimension. Wir werden unter anderem das Bochner-Integral und Gauß'sche Zufallsvariablen in Hilberträumen kennenlernen. Weitere Details zu den kommenden Abschnitten können beispielsweise in [2, 9, 11] nachgelesen werden. Für die benötigten Grundlagen aus der Maß- und Integrationstheorie sei etwa auf [1, 3] verwiesen.

2.1   Das Bochner-Integral auf Banachräumen

Es seien $(E, \mathcal{E}, \mu)$ ein endlicher Maßraum und G ein Banachraum. Wir nehmen an, dass der Banachraum G separabel ist; das heißt, dass er eine abzählbare dichte Teilmenge besitzt. Wir nennen eine Funktion $f : E \to G$ *messbar*, falls sie $\mathcal{E}$-$\mathcal{B}(G)$-messbar ist, wobei $\mathcal{B}(G)$ die Borel'sche σ-Algebra über G bezeichnet.

Definition 2.1 Eine Funktion $f : E \to G$ heißt *einfach*, falls sie von der Form

$$f = \sum_{i=1}^{n} x_i \mathbf{1}_{B_i} \tag{2.1}$$

mit einem $n \in \mathbb{N}$, Elementen $x_1, \ldots, x_n \in G$ und messbaren Mengen $B_1, \ldots, B_n \in \mathcal{E}$ ist. Wir bezeichnen mit $\mathcal{S}$ den Raum aller einfachen Funktionen.

Offensichtlich ist jede einfache Funktion $f \in \mathcal{S}$ messbar.

Definition 2.2 Für eine einfache Funktion $f \in \mathcal{S}$ mit Darstellung (2.1) definieren wir das *Bochner-Integral* als

$$\int_E f \, d\mu := \sum_{i=1}^{n} x_i \, \mu(B_i). \tag{2.2}$$

Definition 2.3 Für $p \in [1, \infty)$ setzen wir

$$\mathcal{L}^p(E, \mathcal{E}, \mu; G) := \left\{ f : E \to G : f \text{ ist messbar und } \int_E \|f\|^p d\mu < \infty \right\}.$$

Abkürzend schreiben wir auch $\mathcal{L}^p$.

Satz 2.1 *Es gilt $\mathcal{L}^q \subset \mathcal{L}^p$ für alle $p, q \in [1, \infty)$ mit $p \leq q$.*

Mit $L^p(E, \mathcal{E}, \mu; G)$ bezeichnen wir den Quotientenraum bestehend aus allen Äquivalenzklassen, wobei wir zwei messbare Funktionen miteinander identifizieren, wenn sie μ-fast sicher übereinstimmen. Abkürzend schreiben wir auch L^p.

Satz 2.2 *Für jedes $p \in [1, \infty)$ ist $L^p(E, \mathcal{E}, \mu; G)$, versehen mit der Norm*

$$\|f\|_{L^p} := \left(\int_E \|f\|^p \right)^{1/p}, \quad f \in L^p$$

ein Banachraum.

Benutzen wir nun für jede einfache Funktion $f \in \mathcal{S}$ die Notation $I_\mu f := \int_E f \, d\mu$ gemäß (2.2), so erhalten wir folgendes Resultat.

Satz 2.3 *Es gelten die folgenden Aussagen:*

1. *$\mathcal{S}$ ist ein dichter Unterraum in L^1.*
2. *gilt $I_\mu \in L(\mathcal{S}, G)$ mit $\|I_\mu\| \leq 1$.*

Also hat $I_\mu \in L(\mathcal{S}, X)$ nach Satz A.2 eine eindeutig bestimmte lineare Fortsetzung $\widehat{I}_\mu \in L(L^1, G)$ mit $\|\widehat{I}_\mu\| \leq 1$. Durch diese Fortsetzung ist das Bochner-Integral

$$\int_E f \, d\mu = \int_E f(x)\mu(dx) = \int_E f(x)d\mu(x)$$

für jedes $f \in \mathcal{L}^1$ definiert. Da $\widehat{I}_\mu$ ein *linearer* Operator ist, gilt

$$\int_E (\alpha f + \beta g) d\mu = \alpha \int_E f \, d\mu + \beta \int_E g \, d\mu \quad \forall \alpha, \beta \in \mathbb{R} \quad \forall f, g \in \mathcal{L}^1.$$

Außerdem gilt wegen $\|\widehat{I_\mu}\| \leq 1$ die *Dreiecksungleichung*

$$\left\| \int_E f \, d\mu \right\| \leq \int_E \|f\| d\mu \quad \forall f \in \mathcal{L}^1. \tag{2.3}$$

Auf Teilmengen von E definieren wir das Bochner-Integral wie folgt. Hierbei braucht der Maßraum $(E, \mathcal{E}, \mu)$ nicht unbedingt endlich zu sein.

Definition 2.4 Es sei $A \in \mathcal{E}$ eine messbare Menge, so dass das Maß $\nu := \mu|_A$ auf der Spur-σ-Algebra $\mathcal{A} := \mathcal{E} \cap A$ endlich ist. Für jede messbare Funktion $f : E \to G$ mit $g := f|_A \in \mathcal{L}^1(A, \mathcal{A}, \nu; G)$ setzen wir

$$\int_A f \, d\mu := \int_A g \, d\nu.$$

Bemerkung 2.1 Die Funktion $g : A \to G$ aus Definition 2.4 ist per Konstruktion $\mathcal{A}$-$\mathcal{B}(G)$-messbar.

Bemerkung 2.2 Häufig ist E ein metrischer Raum versehen mit der Borel'schen σ-Algebra $\mathcal{E} = \mathcal{B}(E)$. In diesem Fall gelten folgende Aussagen:

1. Jede stetige Funktion $f : E \to G$ ist auch messbar.
2. $\mathcal{B}(E) \cap A = \mathcal{B}(A)$ für jede Teilmenge $A \subset E$.

2.2 Der Satz von Fubini für Bochner-Integrale

Es seien $(E_1, \mathcal{E}_1, \mu_1)$ und $(E_2, \mathcal{E}_2, \mu_2)$ zwei endliche Maßräume. Wir definieren den Produktraum

$$(E, \mathcal{E}, \mu) := (E_1 \times E_2, \mathcal{E}_1 \otimes \mathcal{E}_2, \mu_1 \otimes \mu_2).$$

Weiterhin sei G ein separabler Banachraum. Das folgende Resultat ist nützlich, um die Messbarkeit von Bochner-Integralen nachzuweisen.

Satz 2.4 *Es sei* $f : E \to G$ *eine messbare Funktion, so dass* $f(x_1, \bullet) \in \mathcal{L}^1(E_2, \mathcal{E}_2, \mu; G)$ *für jedes* $x_1 \in E_1$. *Dann ist die Funktion*

$$E_2 \to G, \quad x_2 \mapsto \int_{E_2} f(x_1, x_2) \mu_2(dx_2)$$

messbar.

Nun kommen wir zum Satz von Fubini für Bochner-Integrale.

Satz 2.5 *Es sei* $f \in \mathcal{L}^1(E, \mathcal{E}, \mu; G)$ *beliebig. Wir setzen*

$$A_1 := \{x_1 \in E_1 : x_2 \mapsto f(x_1, x_2) \in \mathcal{L}^1(E_2, \mathcal{E}_2, \mu_2; G)\} \quad und$$
$$A_2 := \{x_2 \in E_2 : x_1 \mapsto f(x_1, x_2) \in \mathcal{L}^1(E_1, \mathcal{E}_1, \mu_1; G)\}.$$

Dann gelten folgende Aussagen:

1. *Es gilt* $A_1 \in \mathcal{E}_1$ *mit* $\mu_1(A_1^c) = 0$ *und* $A_2 \in \mathcal{E}_2$ *mit* $\mu_2(A_2^c) = 0$.
2. *Die Funktion*

$$A_1 \to G, \quad x_1 \mapsto \int_{E_2} f(x_1, x_2) \mu_2(dx_2)$$

   liegt in $\mathcal{L}^1(A_1, \mathcal{E}_1 \cap A_1, \mu_1|_{\mathcal{E}_1 \cap A_1}; G)$.
3. *Die Funktion*

$$A_2 \to G, \quad x_2 \mapsto \int_{E_1} f(x_1, x_2) \mu_1(dx_1)$$

   liegt in $\mathcal{L}^2(A_2, \mathcal{E}_2 \cap A_2, \mu_2|_{\mathcal{E}_2 \cap A_2}; G)$.
4. *Es gelten die Gleichungen*

$$\int_E f \, d\mu = \int_{A_1} \left(\int_{E_2} f(x_1, x_2) \mu_2(dx_2) \right) \mu_1(dx_1)$$
$$= \int_{A_2} \left(\int_{E_1} f(x_1, x_2) \mu_1(dx_1) \right) \mu_2(dx_2).$$

2.3   Das Bochner-Integral bezüglich des Lebesgue-Maßes

In diesem Abschnitt betrachten wir das Lebesgue-Maß λ auf $(\mathbb{R}_+, \mathcal{B}(\mathbb{R}_+))$. Weiterhin sei G ein separabler Banachraum.

Definition 2.5   Für eine messbare Funktion $f : \mathbb{R}_+ \to G$ mit

$$\int_0^t \| f(s) \| ds < \infty \quad \forall t \in \mathbb{R}_+ \tag{2.4}$$

setzen wir

$$\int_0^t f(s) ds := \int_{[0,t]} f \, d\lambda \quad \forall t \in \mathbb{R}_+$$

gemäß Definition 2.4.

Satz 2.6 *Es sei $f : \mathbb{R}_+ \to G$ eine messbare Funktion, so dass (2.4) erfüllt ist. Dann ist die Funktion*

$$F : \mathbb{R}_+ \to G, \quad F(t) := \int_0^t f(s) ds$$

stetig.

Beweis   Wegen der Dreiecksungleichung (2.3) gilt

$$\| F(t) - F(s) \| = \left\| \int_s^t f(u) du \right\| \le \int_s^t \| f(u) \| du$$

für alle $s, t \in \mathbb{R}_+$ mit $s \le t$. Also folgt die Stetigkeit von F mit dem Konvergenzsatz von Lebesgue. $\square$

Mit etwas mehr Aufwand können wir das folgende allgemeinere Resultat zeigen.

Satz 2.7 *Es sei $f : \mathbb{R}_+ \to G$ eine messbare Funktion, so dass (2.4) erfüllt ist. Weiterhin sei $(S_t)_{t \ge 0}$ eine C_0-Halbgruppe auf G. Dann ist die Funktion*

$$F : \mathbb{R}_+ \to G, \quad F(t) := \int_0^t S_{t-s} f(s) ds$$

stetig.

2.4 Das Bochner-Integral bezüglich eines Wahrscheinlichkeitsmaßes

Es seien $(\Omega, \mathcal{F}, \mathbb{P})$ ein Wahrscheinlichkeitsraum und G ein separabler Banachraum. Dann nennen wir eine messbare Funktion $X : \Omega \to G$ auch eine *Zufallsvariable*. Für jede Bochner-integrierbare Zufallsvariable $X \in \mathcal{L}^1$ benutzen wir auch die Notation

$$\mathbb{E}[X] := \int_\Omega X \, d\mathbb{P}$$

und nennen dieses Bochner-Integral den *Erwartungswert* von X. Wie aus dem folgenden Resultat hervorgeht, können wir auch für Zufallsvariablen mit Werten in Banachräumen die bedingte Erwartung einführen.

Satz 2.8 *Es seien* $X \in \mathcal{L}^1(\Omega, \mathcal{F}, \mathbb{P}; G)$ *eine Bochner-integrierbare Zufallsvariable und* $\mathcal{G} \subset \mathcal{F}$ *eine Sub-σ-Algebra. Dann existiert eine $\mathbb{P}$-fast sicher eindeutig bestimmte Zufallsvariable* $Y \in \mathcal{L}^1$, *so dass*

$$\mathbb{E}[X\mathbf{1}_A] = \mathbb{E}[Y\mathbf{1}_A] \quad \forall A \in \mathcal{G}.$$

Wir setzen $\mathbb{E}[X|\mathcal{G}] := Y$ *und nennen diese Zufallsvariable die* bedingte Erwartung *von X unter $\mathcal{G}$.*

Bemerkung 2.3 Es gelten die Rechenregeln für das Rechnen mit bedingten Erwartungen, die für reellwertige Zufallsvariablen bekannt sind.

2.5 Gauß'sche Zufallsvariablen in Hilberträumen

Es seien $(\Omega, \mathcal{F}, \mathbb{P})$ ein Wahrscheinlichkeitsraum und U ein separabler Hilbertraum.

Definition 2.6 Eine Zufallsvariable $X : \Omega \to U$ heißt eine *Gauß'sche Zufallsvariable*, falls für jedes $u \in U$ die reellwertige Zufallsvariable $\langle X, u \rangle$ normalverteilt ist.

Bemerkung 2.4 Hierbei gestatten wir auch die entarteten Normalverteilungen $N(\mu, 0) = \delta_\mu$ für jedes $\mu \in \mathbb{R}$, wobei δ_μ das Dirac-Maß im Punkte μ bezeichnet.

Satz 2.9 *Für eine Gauß'sche Zufallsvariable* $X : \Omega \to U$ *existieren ein eindeutig bestimmtes Element* $m \in U$ *und ein eindeutig bestimmter selbstadjungierter Operator* $Q \in L_1^+(U)$, *so dass*

$$\mathbb{E}[\langle X, u \rangle] = \langle m, u \rangle \quad \forall u \in U,$$
$$\mathrm{Cov}(\langle X, u \rangle, \langle X, v \rangle) = \langle Qu, v \rangle \quad \forall u, v \in U.$$

Wir nennen m *den* Mittelwert *und* Q *den* Kovarianzoperator *von* X. *Außerdem vereinbaren wir die Notation* $X \sim \mathrm{N}(m, Q)$.

Bemerkung 2.5 Der Kovarianzoperator Q einer Gauß'schen Zufallsvariablen muss also notwendigerweise ein nuklearer Operator sein; siehe Anhang A und insbesondere Lemma A.2 über nukleare Operatoren. Dies schließt die Identität als Kovarianzoperator aus, sofern der Hilbertraum U unendlich-dimensional ist.

Satz 2.10 *Es seien* $m \in U$ *und* $Q \in L_1^+(U)$ *ein selbstadjungierter Operator. Dann sind für eine Zufallsvariable* $X : \Omega \to U$ *folgende Aussagen äquivalent:*

1. *Es gilt* $X \sim \mathrm{N}(m, Q)$.
2. *Für jedes* $u \in U$ *gilt* $\langle X, u \rangle \sim \mathrm{N}(\langle m, u \rangle, \langle Qu, u \rangle)$.
3. *Für alle* $u_1, \ldots, u_d \in U$ *(mit einem beliebigen* $d \in \mathbb{N}$*) gilt*

$$\big(\langle X, u_1 \rangle, \ldots, \langle X, u_d \rangle\big) \sim \mathrm{N}(\mu, \Sigma),$$

wobei der Erwartungswert $\mu \in \mathbb{R}^d$ *und die Kovarianzmatrix* $\Sigma \in \mathbb{R}^{d \times d}$ *gegeben sind durch*

$$\mu_i = \langle m, u_i \rangle \quad \forall i = 1, \ldots, d,$$
$$\Sigma_{ij} = \langle Qu_i, u_j \rangle \quad \forall i, j = 1, \ldots, d.$$

Auch auf Hilberträumen haben Gauß'sche Zufallsvariablen Momente beliebiger Ordnung, wie aus dem folgenden Resultat hervorgeht.

Satz 2.11 *Für eine Gauß'sche Zufallsvariable* X *gilt* $X \in \mathcal{L}^p$ *für alle* $p \in [1, \infty)$.

Im Folgenden werden wir häufig die Situation betrachten, wo der Kovarianzoperator einer Gauß'schen Zufallsvariablen positiv definit ist. Diese Eigenschaft lässt sich wie folgt charakterisieren.

Satz 2.12 *Es seien* $m \in U$ *und* $Q \in L_1^+(U)$ *ein selbstadjungierter Operator. Dann sind für eine Gauß'sche Zufallsvariable* $X \sim N(m, Q)$ *folgende Aussagen äquivalent:*

1. *Es gilt* $Q > 0$; *also mit anderen Worten* $Q \in L_1^{++}(U)$.
2. *Für alle* $u \in U$ *mit* $u \neq 0$ *ist die reellwertige Gauß'sche Zufallsvariable* $\langle X, u \rangle$ *absolutstetig.*
3. *Für alle linear unabhängigen Vektoren* $u_1, \ldots, u_d \in U$ *(mit einem beliebigen* $d \in \mathbb{N}$) *ist der* $\mathbb{R}^d$-*wertige Gauß'sche Zufallsvektor*

$$\big(\langle X, u_1 \rangle, \ldots, \langle X, u_d \rangle \big)$$

absolutstetig.

Stochastische Prozesse in unendlicher Dimension 3

In diesem Kapitel behandeln wir stochastische Prozesse in unendlicher Dimension. Zunächst besprechen wir in Abschn. 3.1 die erforderlichen Grundlagen aus der allgemeinen Theorie stochastischer Prozesse; Details hierzu können etwa in [7, 8] nachgelesen werden. In den folgenden Abschn. 3.2–3.7 konzentrieren wir uns auf unendlich-dimensionale Prozesse und werden insbesondere das Itô-Integral und die Itô-Formel kennenlernen. Details zu diesen Abschnitten können beispielsweise in [2, 6, 9, 11] nachgelesen werden.

3.1 Grundlagen aus der Theorie stochastischer Prozesse

Es sei $(\Omega, \mathcal{F}, \mathbb{P})$ ein Wahrscheinlichkeitsraum.

Definition 3.1 Eine Familie $\mathbb{F} = (\mathcal{F}_t)_{t \in \mathbb{R}_+}$ von Sub-σ-Algebren von $\mathcal{F}$ heißt eine *Filtration*, falls $\mathcal{F}_s \subset \mathcal{F}_t$ für alle $0 \leq s \leq t$.

Von nun an sei $\mathbb{F} = (\mathcal{F}_t)_{t \in \mathbb{R}_+}$ eine Filtration. Wir nennen $(\Omega, \mathcal{F}, \mathbb{F}, \mathbb{P})$ einen *filtrierten Wahrscheinlichkeitsraum*.

Definition 3.2 Wir nennen die Filtration $\mathbb{F}$ *rechtsstetig*, falls

$$\mathcal{F}_t = \bigcap_{s > t} \mathcal{F}_s \quad \forall t \in \mathbb{R}_+.$$

Definition 3.3 Wir nennen die Filtration $\mathbb{F}$ *vollständig*, falls $\mathcal{F}_0$ alle $\mathbb{P}$-Nullmengen aus $\mathcal{F}$ enthält.

© Der/die Autor(en), exklusiv lizenziert an Springer-Verlag GmbH, DE, ein Teil von Springer Nature 2023
S. Tappe, *Stochastische partielle Differentialgleichungen*, essentials, https://doi.org/10.1007/978-3-662-68349-1_3

Bemerkung 3.1 Falls die Filtration $\mathbb{F}$ vollständig ist, so gelten folgende Aussagen:

1. $(\Omega, \mathcal{F}_t, \mathbb{P})$ ist für jedes $t \in \mathbb{R}_+$ ein vollständiger Wahrscheinlichkeitsraum.
2. $(\Omega, \mathcal{F}, \mathbb{P})$ ist ein vollständiger Wahrscheinlichkeitsraum.

Definition 3.4 Wir sagen, dass die Filtration $\mathbb{F}$ die *üblichen Bedingungen* erfüllt, falls sie rechtsstetig und vollständig ist.

Bemerkung 3.2 Wir werden in den folgenden Abschnitten (also ab Abschn. 3.2) stets annehmen, dass die Filtration $\mathbb{F}$ die üblichen Bedingungen erfüllt. Dies ist zweckmäßig, wie aus Satz 3.3 sowie 3.4 und Bemerkung 3.3 hervorgehen wird. Außerdem stellt diese Annahme keine Einschränkung dar, da jede Filtration zu einer Filtration erweitert werden kann, die die üblichen Bedingungen erfüllt.

Von nun an sei G ein metrischer Raum, versehen mit der Borel'schen σ-Algebra $\mathcal{G} = \mathcal{B}(G)$.

Definition 3.5 Ein G-wertiger *stochastischer Prozess* (oder kurz, ein *Prozess*) ist eine Familie $X = (X_t)_{t \in \mathbb{R}_+}$ von Zufallsvariablen $X_t : \Omega \to G$.

Definition 3.6 Es sei X ein Prozess. Für jedes $\omega \in \Omega$ nennen wir die Abbildung

$$\mathbb{R}_+ \to G, \quad t \mapsto X_t(\omega)$$

einen *Pfad* (oder eine *Trajektorie*) von X.

Definition 3.7 Ein Prozess X heißt *stetig,* falls alle seine Pfade stetig sind.

Definition 3.8 Ein Prozess X heißt $\mathbb{F}$-*adaptiert* (oder kurz *adaptiert*), falls für jedes $t \in \mathbb{R}_+$ die Zufallsvariable $X_t : \Omega \to G$ bezüglich $\mathcal{F}_t$ messbar ist.

Definition 3.9

1. Wir definieren die *previsible σ-Algebra* $\mathcal{P}$ über $\Omega \times \mathbb{R}_+$ durch

$$\mathcal{P} := \sigma\big(\{A \times \{0\} : A \in \mathcal{F}_0\} \cup \{A \times (s, t] : s < t \text{ und } A \in \mathcal{F}_s\}\big).$$

2. Ein Prozess X heißt *previsibel,* falls er als Abbildung

$$X : \Omega \times \mathbb{R}_+ \to G, \quad (\omega, t) \mapsto X_t(\omega)$$

bezüglich $\mathcal{P}$ messbar ist.

Definition 3.10 Ein Prozess X heißt *messbar*, falls er als Abbildung

$$X : \Omega \times \mathbb{R}_+ \to G, \quad (\omega, t) \mapsto X_t(\omega)$$

bezüglich $\mathcal{F} \otimes \mathcal{B}(\mathbb{R}_+)$ messbar ist.

Definition 3.11 Ein Prozess X heißt *progressiv messbar*, falls für jedes $T \in \mathbb{R}_+$ der eingeschränkte Prozess

$$X|_{\Omega \times [0,T]} : \Omega \times [0, T] \to G, \quad (\omega, t) \mapsto X_t(\omega)$$

bezüglich $\mathcal{F}_T \otimes \mathcal{B}([0, T])$ messbar ist.

Satz 3.1 *Es sei X ein G-wertiger Prozess.*

1. *Ist X stetig und adaptiert, so ist X auch previsibel.*
2. *Ist X previsibel, so ist X auch progressiv messbar.*
3. *Ist X progressiv messbar, so ist X adaptiert und messbar.*

Definition 3.12 Es seien X und Y zwei G-wertige Prozesse.

1. X heißt eine *Version* (oder *Modifikation*) von Y, falls $X_t = Y_t$ $\mathbb{P}$-fast sicher für jedes $t \in \mathbb{R}_+$.
2. X und Y heißen *ununterscheidbar*, falls $\mathbb{P}$-fast alle Pfade von X und Y übereinstimmen; mit anderen Worten, die Menge

$$\{\omega \in \Omega : X_t \neq Y_t \text{ für ein } t \in \mathbb{R}_+\}$$

ist eine $\mathbb{P}$-Nullmenge.

Satz 3.2 *Es seien X und Y zwei G-wertige Prozesse.*

1. *Sind X und Y ununterscheidbar, dann ist X eine Version von Y.*
2. *Ist X eine Version von Y und sind die beiden Prozesse X und Y stetig, dann sind X und Y ununterscheidbar.*

Satz 3.3 *Wir nehmen an, dass die Filtration $\mathbb{F}$ vollständig ist. Es seien X und Y zwei G-wertige Prozesse, so dass X eine Version von Y ist. Falls X adaptiert ist, so ist auch Y adaptiert.*

Definition 3.13 Es sei X ein Prozess.

1. X heißt *integrierbar*, falls $X_t \in \mathcal{L}^1$ für alle $t \in \mathbb{R}_+$.
2. X heißt *quadratintegrierbar*, falls $X_t \in \mathcal{L}^2$ für alle $t \in \mathbb{R}_+$.

Definition 3.14 Eine Abbildung $\tau : \Omega \to \overline{\mathbb{R}}_+ := [0, \infty]$ heißt eine $\mathbb{F}$-*Stoppzeit* (oder kurz, eine *Stoppzeit*), falls $\{\tau \leq t\} \in \mathcal{F}_t$ für alle $t \in \mathbb{R}_+$.

Für zwei Zahlen x, $y \in \overline{\mathbb{R}}_+$ benutzen wir im Folgenden auch die Notationen $x \wedge y := \min\{x, y\}$ und $x \vee y := \max\{x, y\}$.

Lemma 3.1 *Für zwei Stoppzeiten τ und σ sind $\tau \wedge \sigma$ und $\tau \vee \sigma$ ebenfalls Stoppzeiten.*

Satz 3.4 *Wir nehmen an, dass die Filtration $\mathbb{F}$ rechtsstetig ist. Es sei X ein G-wertiger stetiger, adaptierter Prozess. Weiterhin sei $O \subset G$ eine offene Teilmenge. Dann ist*

$$\tau := \inf\{t \in \mathbb{R}_+ : X_t \in O\} \tag{3.1}$$

eine Stoppzeit.

Bemerkung 3.3 Falls die Filtration $\mathbb{F}$ nicht rechtsstetig ist, so ist τ gegeben durch (3.1) im Allgemeinen keine Stoppzeit.

Definition 3.15 Für einen Prozess X und eine Stoppzeit τ definieren wir den *gestoppten Prozess* X^τ durch $X_t^\tau := X_{t \wedge \tau}$ für alle $t \in \mathbb{R}_+$.

Lemma 3.2 *Es seien X ein stetiger, adaptierter Prozess und τ eine Stoppzeit. Dann ist der gestoppte Prozess X^τ ebenfalls stetig und adaptiert.*

Definition 3.16 Eine Folge $(\tau_n)_{n \in \mathbb{N}}$ von Stoppzeiten heißt eine *lokalisierende Folge*, falls die monoton wachsend ist mit $\tau_n \overset{\text{f.s.}}{\to} \infty$ für $n \to \infty$.

3.2 Martingale in Banachräumen

Hier und in den folgenden Abschnitten sei $(\Omega, \mathcal{F}, \mathbb{F}, \mathbb{P})$ ein filtrierter Wahrscheinlichkeitsraum mit Filtration $\mathbb{F} = (\mathcal{F}_t)_{t \in \mathbb{R}_+}$, die die üblichen Bedingungen erfüllt. Weiterhin sei in diesem Abschnitt G ein separabler Banachraum.

Definition 3.17 Ein G-wertiger adaptierter, integrierbarer Prozess X heißt ein $\mathbb{F}$-*Martingal* (oder kurz, ein *Martingal*), falls

$$\mathbb{E}[X_t | \mathcal{F}_s] = X_s \quad (\mathbb{P}\text{-fast sicher}) \quad \text{für alle } 0 \leq s \leq t. \tag{3.2}$$

Bemerkung 3.4 Hierbei benutzen wir in (3.2) die bedingte Erwartung auf Banachräumen gemäß Satz 2.8.

Definition 3.18 Ein G-wertiger adaptierter Prozess X heißt ein *lokales* $\mathbb{F}$-*Martingal* (oder kurz, ein *lokales Martingal*), falls eine lokalisierende Folge $(\tau_n)_{n \in \mathbb{N}}$ existiert, so dass der gestoppte Prozess X^{τ_n} für jedes $n \in \mathbb{N}$ ein Martingal ist.

Nun fixieren wir einen beliebigen Zeithorizont $T \in \mathbb{R}_+$. Es sei $\mathcal{M}_T^2(G)$ der Raum aller stetigen, quadratintegrierbaren Martingale $M = (M_t)_{t \in [0,T]}$. Weiterhin bezeichnen wir mit $M_T^2(G)$ den Quotientenraum bestehend aus allen Äquivalenzklassen, wobei wir zwei Prozesse miteinander identifizieren, wenn sie ununterscheidbar sind.

Satz 3.5 *Der Raum $M_T^2(G)$ versehen mit der Norm*

$$\|M\|_{M_T^2(G)} := \mathbb{E}\left[\sup_{t \in [0,T]} \|M_t\|^2 \right]^{1/2} \quad \forall M \in M_T^2(G)$$

ist ein Banachraum. Eine äquivalente Norm ist gegeben durch

$$|M|_{M_T^2(G)} := \mathbb{E}\left[\|M_T\|^2 \right]^{1/2} \quad \forall M \in M_T^2(G). \tag{3.3}$$

3.3 Wienerprozesse in Hilberträumen

Es seien U ein separabler Hilbertraum und $Q \in L_1^{++}(U)$ ein selbstadjungierter Operator.

Definition 3.19 Ein U-wertiger stetiger, adaptierter Prozess W heißt ein Q-*Wienerprozess*, falls gilt:

1. $W_0 = 0$.
2. $W_t - W_s$ und $\mathcal{F}_s$ sind für alle $s \leq t$ unabhängig.
3. $W_t - W_s \sim N(0, (t-s)Q)$ für alle $s \leq t$.

Satz 3.6 *Ein Q-Wienerprozess W ist ein quadratintegrierbares Martingal.*

Beweis Der Prozess W ist nach Satz 2.11 quadratintegrierbar. Außerdem gilt

$$\mathbb{E}[W_t - W_s | \mathcal{F}_s] = \mathbb{E}[W_t - W_s] = 0 \quad \text{für alle } s \leq t,$$

wobei wir Bemerkung 2.3 beachten. $\square$

3.4   Das pfadweise Bochner-Integral

Es sei G ein separabler Banachraum.

Bemerkung 3.5 Es sei α ein G-wertiger progressiv messbarer Prozess. Dann ist α nach Satz 3.1 bezüglich $\mathcal{F} \otimes \mathcal{B}(\mathbb{R}_+)$ messbar, und folglich ist für jedes $\omega \in \Omega$ der Pfad

$$\mathbb{R}_+ \to G, \quad s \mapsto \alpha_s(\omega)$$

messbar.

Also können wir das pfadweise Bochner-Integral folgendermaßen einführen.

Definition 3.20 Es sei α ein G-wertiger progressiv messbarer Prozess, so dass

$$\int_0^t \|\alpha_s(\omega)\| ds < \infty \quad \forall \omega \in \Omega \quad \forall t \in \mathbb{R}_+. \tag{3.4}$$

Wir definieren das *stochastische Integral* $(\int_0^t \alpha_s ds)_{t \in \mathbb{R}_+}$ als das pfadweise Bochner-Integral

$$\left(\int_0^t \alpha_s ds \right)(\omega) := \int_0^t \alpha_s(\omega) ds \quad \forall \omega \in \Omega$$

gemäß Definition 2.5.

Satz 3.7 *Es sei α ein progressiv messbarer Prozess, so dass (3.4) erfüllt ist. Dann ist der G-wertige Prozess X gegeben durch*

$$X_t := \int_0^t \alpha_s ds \quad \forall t \in \mathbb{R}_+$$

stetig und adaptiert.

Beweis Die Stetigkeit folgt aus Satz 2.6. Nun sei $t \in \mathbb{R}_+$ beliebig. Da α progressiv messbar ist, ist der eingeschränkte Prozess

$$\alpha|_{\Omega \times [0,t]} : \Omega \times [0, t] \to G, \quad (\omega, s) \mapsto \alpha_s(\omega)$$

eine $\mathcal{F}_t \otimes \mathcal{B}([0, t])$-messbare Abbildung. Also ist X_t nach Satz 2.4 bezüglich $\mathcal{F}_t$ messbar. □

Satz 3.8 *Es sei α ein progressiv messbarer Prozess, so dass (3.4) erfüllt ist. Weiterhin sei $(S_t)_{t \geq 0}$ eine C_0-Halbgruppe auf G. Dann ist der G-wertige Prozess X gegeben durch*

$$X_t := \int_0^t S_{t-s} \alpha_s ds \quad \forall t \in \mathbb{R}_+$$

stetig und adaptiert.

Beweis Die Stetigkeit folgt aus Satz 2.7. Die Adaptiertheit folgt wie beim Beweis von Satz 3.7, wobei wir noch Lemma A.5 berücksichtigen. □

Bemerkung 3.6 Wir können das stochastische Integral $(\int_0^t \alpha_s ds)_{t \in \mathbb{R}_+}$ allgemeiner für jeden progressiv messbaren Prozess α mit

$$\mathbb{P}\left(\int_0^t \|\alpha_s\| ds < \infty \right) = 1 \quad \forall t \in \mathbb{R}_+$$

einführen. Der Prozess $(\int_0^t \alpha_s ds)_{t \in \mathbb{R}_+}$ ist dann nur noch bis auf Ununterscheidbarkeit eindeutig bestimmt. Die Gültigkeit der in diesem Abschnitt präsentierten Resultate bleibt davon unberührt.

3.5   Das Itô-Integral

In diesem Abschnitt skizzieren wir die Konstruktion des Itô-Integrals. Wir präsentieren zunächst den mathematischen Rahmen, den wir für den Rest dieses Kapitels beibehalten werden. Es seien H und U zwei separable Hilberträume. Weiterhin sei W ein Q-Wienerprozess mit einem Kovarianzoperator $Q \in L_1^{++}(U)$. Wir definieren den Unterraum U_0 als das Bild $U_0 := Q^{1/2}(U)$, wobei $Q^{1/2}$ gemäß Satz A.7 gegeben ist. Dann ist der Raum U_0 versehen mit dem Skalarprodukt

$$\langle u, v \rangle_{U_0} := \langle Q^{-1/2}u, Q^{-1/2}v \rangle_U \quad \forall u, v \in U_0$$

ebenfalls ein separabler Hilbertraum. Außerdem ist $Q^{1/2} \in L(U, U_0)$ ein isometrischer Isomorphismus $Q^{1/2} : (U, \| \cdot \|_U) \to (U_0, \| \cdot \|_{U_0})$. Es sei $L_2^0(H) := L_2(U_0, H)$ der Raum aller Hilbert-Schmidt-Operatoren von U_0 nach H; siehe Definition A.9. Im Folgenden werden wir für die Norm eines Operators $\sigma \in L_2^0(H)$ einfach $\|\sigma\|$ anstatt $\|\sigma\|_{L_2^0(H)}$ schreiben. Nun fixieren wir einen beliebigen Zeithorizont $T \in \mathbb{R}_+$.

Definition 3.21 Ein $L(U, H)$-wertiger Prozess $\sigma = (\sigma_t)_{t \in [0,T]}$ heißt *einfach*, falls er von der Form

$$\sigma = \sigma_0 \mathbf{1}_{\{0\}} + \sum_{i=1}^{n} \sigma_i \mathbf{1}_{(t_i, t_{i+1}]} \tag{3.5}$$

mit einem $n \in \mathbb{N}$, Zeitpunkten $0 = t_1 < \ldots < t_{n+1} = T$ und $\mathcal{F}_{t_i}$-messbaren Zufallsvariablen $\sigma_i : \Omega \to L(U, H)$ für $i = 1, \ldots, n$ ist. Wir bezeichnen mit $\mathcal{S}$ den Raum aller einfachen Prozesse.

Offensichtlich ist jeder einfache Prozess $\sigma \in \mathcal{S}$ previsibel, wobei wir die Spur-σ-Algebra $\mathcal{P}_T := \mathcal{P} \cap [0, T]$ betrachten.

Definition 3.22 Für einen einfachen Prozess $\sigma \in \mathcal{S}$ mit Darstellung (3.5) definieren wir das *Itô-Integral* als

$$\int_0^t \sigma_s dW_s := \sum_{i=1}^{n} \sigma_i (W_{t \wedge t_{i+1}} - W_{t \wedge t_i}) \quad \forall t \in [0, T]. \tag{3.6}$$

Benutzen wir nun für jeden einfachen Prozess $\sigma \in \mathcal{S}$ die Notation $I_T \sigma := (\int_0^t \sigma_s dW_s)_{t \in [0,T]}$ gemäß (3.6), so erhalten wir folgendes Resultat.

Satz 3.9 *Es gelten folgende Aussagen:*

1. *Für jedes* $\sigma \in \mathcal{S}$ *ist* $I_T \sigma$ *ein quadratintegrierbares Martingal; es gilt also* $I_T \sigma \in M_T^2(H)$.
2. $\mathcal{S}$ *ist ein dichter Unterraum von* $L^2(\Omega \times [0, T], \mathcal{P}_T, \mathbb{P} \otimes \lambda|_{[0,T]}; L_2^0(H))$.
3. $I_T \in L(\mathcal{S}, M_T^2(H))$ *ist eine Isometrie, wobei wir auf* $M_T^2(H)$ *die in (3.3) definierte äquivalente Norm* $| \cdot |_{M_T^2(H)}$ *betrachten.*

Also hat $I_T \in L(\mathcal{S}, M_T^2(H))$ nach Satz A.2 eine eindeutig bestimmte lineare Fortsetzung $\widehat{I_T} \in L(L^2(\Omega \times [0, T], \mathcal{P}_T, \mathbb{P} \otimes \lambda|_{[0,T]}; L_2^0(H)), M_T^2(H))$, die ebenfalls eine Isometrie ist. Durch diese Fortsetzung ist das Itô-Integral

$$\left(\int_0^t \sigma_s \, dW_s \right)_{t \in [0,T]}$$

für jeden $L_2^0(H)$-wertigen previsiblen Prozess $\sigma = (\sigma_t)_{t \in [0,T]}$ mit

$$\mathbb{E}\left[\int_0^T \|\sigma_s\|^2 \, ds \right] < \infty \tag{3.7}$$

definiert, und der Integralprozess ist ein quadratintegrierbares Martingal. Da der lineare Operator $\widehat{I_T}$ eine Isometrie ist, gilt die sogenannte *Itô-Isometrie*

$$\mathbb{E}\left[\left\| \int_0^T \sigma_s \, dW_s \right\|^2 \right] = \mathbb{E}\left[\int_0^T \|\sigma_s\|^2 \, ds \right] \tag{3.8}$$

für jeden $L_2^0(H)$-wertigen previsiblen Prozess $\sigma = (\sigma_t)_{t \in [0,T]}$ mit (3.7). Neben der Itô-Isometrie gilt folgende nützliche Abschätzung.

Lemma 3.3 *Zu jedem* $p \in [1, \infty)$ *gibt es eine Konstante* $C_p \in \mathbb{R}_+$, *so dass für alle* $L_2^0(H)$-*wertigen previsiblen Prozesse* $\sigma = (\sigma_t)_{t \in [0,T]}$ *mit (3.7) gilt*

$$\mathbb{E}\left[\left\| \int_0^T \sigma_s \, dW_s \right\|^{2p} \right] \leq C_p \, \mathbb{E}\left[\int_0^T \|\sigma_s\|^{2p} \, ds \right].$$

Per Lokalisierung können das Itô-Integral sogar für jeden $L_2^0(H)$-wertigen previsiblen Prozess σ mit

$$\mathbb{P}\left(\int_0^t \|\sigma_s\|^2 ds < \infty \right) = 1 \quad \forall t \in \mathbb{R}_+ \tag{3.9}$$

einführen. Der hierbei entstehende Integralprozess ($\int_0^t \sigma_s dW_s)_{t \in \mathbb{R}_+}$ ist bis auf Ununterscheidbarkeit eindeutig bestimmt. Da die vorhin betrachtete Fortsetzung $\widehat{I}_T$ ein *linearer* Operator ist, gilt $\mathbb{P}$-fast sicher

$$\int_0^t (\alpha\sigma_s + \beta\tau_s) dW_s = \alpha \int_0^t \sigma_s dW_s + \beta \int_0^t \tau_s dW_s \quad \forall t \in \mathbb{R}_+$$

für alle $\alpha, \beta \in \mathbb{R}$ und alle $L_2^0(H)$-wertigen previsiblen Prozesse σ, τ mit

$$\mathbb{P}\left(\int_0^t \left(\|\sigma_s\|^2 + \|\tau_s\|^2 \right) ds < \infty \right) = 1 \quad \forall t \in \mathbb{R}_+.$$

Satz 3.10 *Es sei σ ein $L_2^0(H)$-wertiger previsibler Prozess, so dass (3.9) erfüllt ist. Wir definieren den H-wertigen Prozess X gegeben durch*

$$X_t := \int_0^t \sigma_s dW_s \quad \forall t \in \mathbb{R}_+.$$

Dann gelten folgende Aussagen:

1. *X ist ein stetiges lokales Martingal.*
2. *Gilt anstatt (3.9) sogar die stärkere Bedingung*

$$\mathbb{E}\left[\int_0^t \|\sigma_s\|^2 ds \right] < \infty \quad \forall t \in \mathbb{R}_+,$$

dann ist X ein stetiges quadratintegrierbares Martingal.

Sogenannte *stochastische Konvolutionen* wie unten in (3.10) brauchen nicht unbedingt eine stetige Version zu besitzen. Es gilt jedoch das folgende Resultat.

Satz 3.11 *Es sei σ ein $L_2^0(H)$-wertiger previsibler Prozess. Weiterhin sei $(S_t)_{t \geq 0}$ eine C_0-Halbgruppe auf H. Wir nehmen an, dass ein Konstante $p > 1$ existiert, so dass*

$$\mathbb{E}\left[\int_0^t \|\sigma_s\|^{2p} ds \right] < \infty \quad \forall t \in \mathbb{R}_+.$$

Dann ist der H-wertige Prozess X gegeben durch

$$X_t := \int_0^t S_{t-s}\sigma_s dW_s \quad \forall t \in \mathbb{R}_+ \tag{3.10}$$

adaptiert und besitzt eine stetige Version.

3.6 Der stochastische Satz von Fubini

Der folgende stochastische Satz von Fubini zeigt, dass die Integrationsreihenfolge von Itô-Integral und pfadweisem Bochner-Integral vertauscht werden darf, sofern die Bedingung (3.11) erfüllt ist.

Satz 3.12 *Es sei* $(E, \mathcal{E}, \mu)$ *ein endlicher Maßraum. Weiterhin sei* $\sigma : \Omega \times \mathbb{R}_+ \times E \to L_2^0(H)$ *eine* $\mathcal{P} \otimes \mathcal{E}$-*messbare Abbildung, so dass*

$$\int_E \mathbb{E}\left[\int_0^t \|\sigma(s,x)\|^2 ds\right]^{1/2} \mu(dx) < \infty \quad \forall t \in \mathbb{R}_+. \tag{3.11}$$

Dann gilt $\mathbb{P}$-*fast sicher*

$$\int_E \left(\int_0^t \sigma(s,x)dW_s\right)\mu(dx) = \int_0^t \left(\int_E \sigma(s,x)\mu(dx)\right)dW_s \quad \forall t \in \mathbb{R}_+.$$

3.7 Die Itô-Formel

Die folgende Itô-Formel zeigt, wie sich sogenannte Itô-Prozesse der Form (3.12) unter Transformationen der Klasse $C^{1,2}$ verhalten.

Satz 3.13 *Es seien* α *ein H-wertiger previsibler Prozess und* σ *ein* $L_2^0(H)$-*wertiger previsibler Prozess, so dass*

$$\mathbb{P}\left(\int_0^t \left(\|\alpha_s\| + \|\sigma_s\|^2\right)ds\right) = 1 \quad \forall t \in \mathbb{R}_+.$$

Für ein beliebiges $x_0 \in H$ *definieren wir den H-wertigen Prozess X durch*

$$X_t := x_0 + \int_0^t \alpha_s \, ds + \int_0^t \sigma_s \, dW_s \quad \forall t \in \mathbb{R}_+. \tag{3.12}$$

Weiterhin sei $f : \mathbb{R}_+ \times H \to \mathbb{R}$ *eine Funktion der Klasse* $C^{1,2}$, *so dass* f *und die partiellen Ableitungen* $D_t f$, $D_x f$ *und* $D_{xx} f$ *auf beschränkten Teilmengen von* $\mathbb{R}_+ \times H$ *gleichmäßig stetig sind. Dann gilt* $\mathbb{P}$-*fast sicher*

$$\begin{aligned}
f(t, X_t) = f(0, x_0) + \int_0^t &\Big(D_s f(s, X_s) + D_x f(s, X_s) \alpha_s \\
&+ \frac{1}{2} \mathrm{tr}\big[D_{xx} f(s, X_s)(\sigma_s Q^{1/2})(\sigma_s Q^{1/2})^* \big] \Big) ds \\
&+ \int_0^t D_x f(s, X_s) \sigma_s \, dW_s \quad \forall t \in \mathbb{R}_+.
\end{aligned} \tag{3.13}$$

Bemerkung 3.7 Die in der Itô-Formel (3.13) auftauchenden Integranden haben ihre Werte tatsächlich in den richtigen Räumen. Um dies einzusehen fixieren wir beliebige $s \in \mathbb{R}_+$ und $x \in H$.

1. Es gilt $D_s f(s, x) \in \mathbb{R}$.
2. Es gilt

$$D_x f(s, x) \in L(H, \mathbb{R}) = H', \tag{3.14}$$

und daher $D_x f(s, x) y \in \mathbb{R}$ für jedes $y \in H$.
3. Nach Satz A.6 gilt

$$D_{xx} f(s, x) \in L(H, L(H, \mathbb{R})) = L(H, H') \cong L(H, H) = L(H).$$

Nun sei $T \in L_2^0(H) = L_2(U_0, H)$ beliebig. Bekanntlich gilt $Q^{1/2} \in L(U, U_0)$. Nach Satz A.9 gilt also $T Q^{1/2} \in L_2(U, H)$, und daher

$$(T Q^{1/2})(T Q^{1/2})^* \in L_1(H).$$

Mit Satz A.5 erhalten wir also

$$D_{xx} f(s, x)(T Q^{1/2})(T Q^{1/2})^* \in L_1(H),$$

so dass die in (3.13) auftauchende Spur nach Lemma A.1 wohldefiniert ist.
4. Es sei $T \in L_2^0(H) = L_2(U_0, H)$ beliebig. Nach Satz A.9 gilt

$$D_x f(s, x)T \in L_2(U_0, \mathbb{R}) = L_2^0(\mathbb{R}),$$

wobei wir (3.14) beachten.

Bemerkung 3.8 Ein Prozess der Form (3.12) ist ein sogenannter *Itô-Prozess*. Die Itô-Formel (3.13) zeigt, dass die Klasse der Itô-Prozesse unter $C^{1,2}$-Funktionen invariant bleibt.

Stochastische partielle Differentialgleichungen

4

In diesem Kapitel behandeln wir stochastische partielle Differentialgleichungen der Form

$$\begin{cases} dX_t = (AX_t + \alpha(X_t))dt + \sigma(X_t)dW_t \\ X_0 = x_0. \end{cases} \tag{4.1}$$

Zunächst werden wir die Lösungskonzepte besprechen und anschließend Existenz- und Eindeutigkeitsresultate behandeln. Weitere Einzelheiten können beispielsweise in [2, 6, 14] nachgelesen werden.

Der mathematische Rahmen in diesem Kapitel ist wie folgt. Es sei $(\Omega, \mathcal{F}, \mathbb{F}, \mathbb{P})$ ein filtrierter Wahrscheinlichkeitsraum mit Filtration $\mathbb{F} = (\mathcal{F}_t)_{t \in \mathbb{R}_+}$, die die üblichen Bedingungen erfüllt. Weiterhin seien H und U separable Hilberträume. Der treibende Prozess W in (4.1) ist ein Q-Wienerprozess mit einem Kovarianzoperator $Q \in L_1^{++}(U)$. Der Operator $A : H \supset \mathcal{D}(A) \to H$ in (4.1) ist der Erzeuger einer C_0-Halbgruppe $(S_t)_{t \geq 0}$ auf H und die Koeffizienten $\alpha : H \to H$ und $\sigma : H \to L_2^0(H)$ in (4.1) sind messbare Abbildungen.

4.1 Lösungskonzepte

In diesem Abschnitt besprechen wir die Lösungskonzepte für die stochastische partielle Differentialgleichung (kurz SPDGL).

Definition 4.1 Es sei $x_0 \in H$ ein beliebiger Startpunkt. Weiterhin sei $X = X^{(x_0)}$ ein H-wertiger stetiger, adaptierter Prozess mit $X_0 = x_0$, so dass

S. Tappe, *Stochastische partielle Differentialgleichungen*, essentials, https://doi.org/10.1007/978-3-662-68349-1_4

$$\mathbb{P}\left(\int_0^t \left(\|\alpha(X_s)\| + \|\sigma(X_s)\|^2\right)ds < \infty\right) = 1 \quad \forall t \in \mathbb{R}_+. \tag{4.2}$$

1. X heißt eine *starke Lösung* für die SPDGL (4.1), falls $X \in \mathcal{D}(A)$,

$$\mathbb{P}\left(\int_0^t \|AX_s\| ds < \infty\right) = 1 \quad \forall t \in \mathbb{R}_+ \tag{4.3}$$

und $\mathbb{P}$-fast sicher gilt

$$X_t = x_0 + \int_0^t \left(AX_s + \alpha(X_s)\right)ds + \int_0^t \sigma(X_s)dW_s \quad \forall t \in \mathbb{R}_+. \tag{4.4}$$

2. X heißt eine *schwache Lösung* für die SPDGL (4.1), falls für alle $\zeta \in \mathcal{D}(A^*)$ die folgende Gleichung $\mathbb{P}$-fast sicher gilt:

$$\begin{aligned} \langle \zeta, X_t \rangle = \langle \zeta, x_0 \rangle &+ \int_0^t \left(\langle A^*\zeta, X_s \rangle + \langle \zeta, \alpha(X_s) \rangle\right)ds \\ &+ \int_0^t \langle \zeta, \sigma(X_s) \rangle dW_s \quad \forall t \in \mathbb{R}_+. \end{aligned} \tag{4.5}$$

3. X heißt eine *milde Lösung* für die SPDGL (4.1), falls $\mathbb{P}$-fast sicher gilt

$$X_t = S_t x_0 + \int_0^t S_{t-s}\alpha(X_s)ds + \int_0^t S_{t-s}\sigma(X_s)dW_s \quad \forall t \in \mathbb{R}_+. \tag{4.6}$$

Bemerkung 4.1 Wir können uns schnell klarmachen, dass die erforderlichen Integrierbarkeitsbedingungen jeweils erfüllt sind:

- Bei einer starken Lösung folgt die für (4.4) erforderliche Integrierbarkeit aus (4.2) und (4.3).
- Bei einer schwachen Lösung folgt die für (4.5) erforderliche Integrierbarkeit aus (4.2) und

$$\mathbb{P}\left(\int_0^t \|X_s\| < \infty\right) = 1 \quad \forall t \in \mathbb{R}_+,$$

wobei letzteres wegen der Stetigkeit der Pfade von X gilt. Außerdem beachten wir, dass $\langle \zeta, \bullet \rangle$ und $\langle A^*\zeta, \bullet \rangle$ stetige lineare Funktionale sind.
- Bei einer milden Lösung folgt die für (4.6) erforderliche Integrierbarkeit aus (4.2) und Lemma A.4.

Bemerkung 4.2 Das Konzept einer starken Lösung ist wegen der Bedingung $X \in \mathcal{D}(A)$ im Allgemeinen zu restriktiv, da der Definitionsbereich $\mathcal{D}(A)$ typischerweise ein echter Unterraum von H ist.

Bemerkung 4.3 Das Konzept einer milden Lösung ist für die Untersuchung der Existenz und Eindeutigkeit von Lösungen besonders gut geeignet, da die Gl. (4.6) als Fixpunktproblem geschrieben werden kann. Die Gl. (4.6) erinnert übrigens an das Verfahren der Variation der Konstanten aus den gewöhnlichen Differentialgleichungen. In der Tat, im Spezialfall α konstant und $\sigma = 0$ liefert (4.6) eine derartige Lösung.

Wir erhalten folgende Zusammenhänge der Lösungskonzepte.

Theorem 4.1 *Es sei $x_0 \in H$ ein beliebiger Startpunkt. Weiterhin sei $X = X^{(x_0)}$ ein H-wertiger stetiger, adaptierter Prozess mit $X_0 = x_0$, so dass (4.2) erfüllt ist.*

1. *Falls X eine starke Lösung für die SPDGL (4.1) ist, so ist X auch eine schwache Lösung.*
2. *Falls X eine schwache Lösung für die SPDGL (4.1) ist, so ist X auch eine milde Lösung.*
3. *Falls X eine milde Lösung für die SPDGL (4.1) mit*

$$\mathbb{E}\left[\int_0^t \|\sigma(X_s)\|^2 ds \right] < \infty \quad \forall t \in \mathbb{R}_+ \tag{4.7}$$

ist, so ist X auch eine schwache Lösung.

Bevor wir zu dem Beweis kommen, bereiten wir ein Hilfsresultat vor.

Lemma 4.1 *Es seien $x_0 \in H$ und X eine schwache Lösung für die SPDGL (4.1) mit $X_0 = x_0$. Weiterhin seien $T \in \mathbb{R}_+$ und $f \in C^1([0, T], \mathcal{D}(A^*))$ beliebig, wobei $(\mathcal{D}(A^*), \| \cdot \|_{\mathcal{D}(A^*)})$ mit der Graphennorm versehen ist. Dann gilt $\mathbb{P}$-fast sicher*

$$\langle f(t), X_t \rangle = \langle f(0), x_0 \rangle + \int_0^t \left(\langle f'(s) + A^* f(s), X_s \rangle + \langle f(s), \alpha(X_s) \rangle \right) ds$$

$$+ \int_0^t \langle f(s), \sigma(X_s) \rangle dW_s \quad \forall t \in [0, T].$$

$$\tag{4.8}$$

Beweis Aufgrund eines Dichtheitsargumentes (siehe [6, Sec. 3.1]) genügt es, die Formel (4.8) für alle Funktionen $f : [0, T] \to \mathcal{D}(A^*)$ der Form

$$f(t) = \sum_{i=1}^{n} g_i(t)\zeta_i, \quad t \in [0, T]$$

mit einem $n \in \mathbb{N}$, Funktionen $g_1, \ldots, g_n \in C^1([0, T]; \mathbb{R})$ und Elementen $\zeta_1, \ldots, \zeta_n \in \mathcal{D}(A^*)$ zu beweisen. Für die Funktion

$$F : [0, T] \times \mathbb{R}^n \to \mathbb{R}, \quad F(t, y) := \sum_{i=1}^{n} g_i(t)y_i$$

gilt $F \in C^{1,2}([0, T] \times \mathbb{R}^n; \mathbb{R})$. Für $t \in [0, T]$ und $y \in \mathbb{R}^n$ erhalten wir die partiellen Ableitungen

$$D_t F(t, y) = \sum_{i=1}^{n} g_i'(t)y_i, \quad D_y F(t, y)v = \sum_{i=1}^{n} g_i(t)v_i \quad \forall v \in \mathbb{R}^n$$

und $D_{yy} F(t, y) = 0$. Nun vereinbaren wir die Notation

$$\langle \xi, z \rangle = \big(\langle \xi_1, z \rangle, \ldots, \langle \xi_n, z \rangle \big) \in \mathbb{R}^n \tag{4.9}$$

für alle $\xi_1, \ldots, \xi_n \in H$ und $z \in H$. Für $t \in [0, T]$ und $x \in H$ gilt dann

$$F(t, \langle \zeta, x \rangle) = \langle f(t), x \rangle, \quad D_t F(t, \langle \zeta, x \rangle) = \langle f'(t), x \rangle, \tag{4.10}$$

$$D_y F(t, \langle \zeta, x \rangle)\langle \xi, z \rangle = \left\langle \sum_{i=1}^{n} g_i(t)\xi_i, z \right\rangle \quad \forall \xi_1, \ldots, \xi_n \in H \quad \forall z \in H. \tag{4.11}$$

Da X eine schwache Lösung für die SPDGL (4.1) mit $X_0 = x_0$ ist, ist der $\mathbb{R}^n$-wertige Prozess $\langle \zeta, X \rangle$ ein Itô-Prozess mit Darstellung

$$\langle \zeta, X_t \rangle = \langle \zeta, x_0 \rangle + \int_0^t \big(\langle A^*\zeta, X_s \rangle + \langle \zeta, \alpha(X_s) \rangle \big)ds$$

$$+ \int_0^t \langle \zeta, \sigma(X_s) \rangle dW_s, \quad t \in [0, T],$$

wobei wir die Notation (4.9) beachten. Also erhalten wir mit der Itô-Formel (Satz. 3.13), dass $\mathbb{P}$-fast sicher

$$\langle f(t), X_t \rangle = F(t, \langle \zeta, X_t \rangle) = F(0, \langle \zeta, x_0 \rangle)$$

$$+ \int_0^t \Big(D_s F(s, \langle \zeta, X_s \rangle) + D_y F(s, \langle \zeta, X_s \rangle) \big(\langle A^* \zeta, X_s \rangle + \langle \zeta, \alpha(X_s) \rangle \big) \Big) ds$$

$$+ \int_0^t D_y F(s, \langle \zeta, X_s \rangle) \langle \zeta, \sigma(X_s) \rangle dW_s \quad \forall t \in [0, T].$$

Nun erhalten wir dank (4.10) und (4.11) die gewünschte Formel (4.8). $\qquad\square$

Jetzt kommen wir zum Beweis von Theorem 4.1.

*Beweis **(Beweis von Theorem** 4.1)*
1. Es sei X eine starke Lösung für die SPDGL (4.1). Weiterhin sei $\zeta \in \mathcal{D}(A^*)$ beliebig. Wegen (4.4) erhalten wir $\mathbb{P}$-fast sicher

$$\langle \zeta, X_t \rangle = \Big\langle \zeta, x_0 + \int_0^t \big(AX_s + \alpha(X_s) \big) ds + \int_0^t \sigma(X_s) dW_s \Big\rangle$$

$$= \langle \zeta, x_0 \rangle + \int_0^t \langle \zeta, AX_s + \alpha(X_s) \rangle ds + \int_0^t \langle \zeta, \sigma(X_s) \rangle dW_s$$

$$= \langle \zeta, x_0 \rangle + \int_0^t \big(\langle A^* \zeta, X_s \rangle + \langle \zeta, \alpha(X_s) \rangle \big) ds + \int_0^t \langle \zeta, \sigma(X_s) \rangle dW_s$$

für alle $t \in \mathbb{R}_+$. Folglich ist Gl. (4.5) erfüllt.
2. Nun sei X eine schwache Lösung für die SPDGL (4.1). Nach Satz. A.13 ist die Familie $(S_t^*)_{t \geq 0}$ eine C_0-Halbgruppe auf H mit Erzeuger A^*. Also ist die Familie der Restriktionen $(S_t^*|_{\mathcal{D}(A^*)})_{t \geq 0}$ nach Satz. A.12 eine C_0-Halbgruppe auf $(\mathcal{D}(A^*), \| \cdot \|_{\mathcal{D}(A^*)})$ mit dem Erzeuger $A^* : \mathcal{D}(A^*) \supset \mathcal{D}((A^*)^2) \to \mathcal{D}(A^*)$. Nun seien $t \in \mathbb{R}_+$ and $\zeta \in \mathcal{D}((A^*)^2)$ beliebig. Wir definieren die Funktion

$$f : [0, t] \to \mathcal{D}(A^*), \quad f(s) := S_{t-s}^* \zeta.$$

Nach Lemma A.6 gilt $f \in C^1([0, t]; \mathcal{D}(A^*))$ mit der Ableitung

$$f'(s) = -A^* S_{t-s}^* \zeta = -A^* f(s) \quad \forall s \in [0, t].$$

Mit Lemma 4.1 erhalten wir also $\mathbb{P}$-fast sicher

$$\langle \zeta, X_t \rangle = \langle f(t), X_t \rangle$$

$$= \langle f(0), x_0 \rangle + \int_0^t \langle f(s), \alpha(X_s) \rangle ds + \int_0^t \langle f(s), \sigma(X_s) \rangle dW_s$$

$$= \langle S_t^* \zeta, x_0 \rangle + \int_0^t \langle S_{t-s}^* \zeta, \alpha(X_s) \rangle ds + \int_0^t \langle S_{t-s}^* \zeta, \sigma(X_s) \rangle dW_s$$

$$= \langle \zeta, S_t x_0 \rangle + \int_0^t \langle \zeta, S_{t-s} \alpha(X_s) \rangle ds + \int_0^t \langle \zeta, S_{t-s} \sigma(X_s) \rangle dW_s$$

$$= \Big\langle \zeta, S_t x_0 + \int_0^t S_{t-s} \alpha(X_s) ds + \int_0^t S_{t-s} \sigma(X_s) dW_s \Big\rangle.$$

Nun folgt die Gl. (4.6) nach zweimaliger Anwendung von Satz. A.11.

3. Nun sei X eine milde Lösung für die SPDGL (4.1), so dass (4.7) erfüllt ist. Es seien $t \in \mathbb{R}_+$ und $\zeta \in \mathcal{D}(A^*)$ beliebig. Mit Lemma A.6 erhalten wir $\mathbb{P}$-fast sicher

$$\int_0^t \langle A^* \zeta, S_s x_0 \rangle ds = \Big\langle A^* \zeta, \underbrace{\int_0^t S_s x_0 \, ds}_{\in \mathcal{D}(A)} \Big\rangle = \Big\langle \zeta, A \Big(\int_0^t S_s x_0 \, ds \Big) \Big\rangle$$

$$= \langle \zeta, S_t x_0 - x_0 \rangle = \langle \zeta, S_t x_0 \rangle - \langle \zeta, x_0 \rangle.$$

Nach dem Satz von Fubini für Bochner-Integrale (Satz. 2.5) und Lemma A.6 gilt $\mathbb{P}$-fast sicher

$$\int_0^t \Big\langle A^* \zeta, \int_0^s S_{s-u} \alpha(X_u) du \Big\rangle ds = \Big\langle A^* \zeta, \int_0^t \Big(\int_0^s S_{s-u} \alpha(X_u) du \Big) ds \Big\rangle$$

$$= \Big\langle A^* \zeta, \int_0^t \Big(\int_u^t S_{s-u} \alpha(X_u) ds \Big) du \Big\rangle = \int_0^t \Big\langle A^* \zeta, \int_u^t S_{s-u} \alpha(X_u) ds \Big\rangle du$$

$$= \int_0^t \Big\langle A^* \zeta, \underbrace{\int_0^{t-s} S_u \alpha(X_s) du}_{\in \mathcal{D}(A)} \Big\rangle ds = \int_0^t \Big\langle \zeta, A \Big(\int_0^{t-s} S_u \alpha(X_s) du \Big) \Big\rangle ds$$

$$= \int_0^t \langle \zeta, S_{t-s} \alpha(X_s) - \alpha(X_s) \rangle ds = \Big\langle \zeta, \int_0^t S_{t-s} \alpha(X_s) ds \Big\rangle - \int_0^t \langle \zeta, \alpha(X_s) \rangle ds.$$

Dank der Voraussetzung (4.7) dürfen wir in der folgenden Rechnung den stochastischen Satz von Fubini (Satz. 3.12) benutzen. Zusammen mit Lemma A.6 erhalten wir $\mathbb{P}$-fast sicher

$$\int_0^t \left\langle A^*\zeta, \int_0^s S_{s-u}\sigma(X_u)dW_u \right\rangle ds = \left\langle A^*\zeta, \int_0^t \left(\int_0^s S_{s-u}\sigma(X_u)dW_u \right) ds \right\rangle$$

$$= \left\langle A^*\zeta, \int_0^t \left(\int_u^t S_{s-u}\sigma(X_u)ds \right) dW_u \right\rangle = \int_0^t \left\langle A^*\zeta, \int_u^t S_{s-u}\sigma(X_u)ds \right\rangle dW_u$$

$$= \int_0^t \left\langle A^*\zeta, \underbrace{\int_0^{t-s} S_u\sigma(X_s)du}_{\in \mathcal{D}(A)} \right\rangle dW_s = \int_0^t \left\langle \zeta, A\left(\int_0^{t-s} S_u\sigma(X_s)du \right) \right\rangle dW_s$$

$$= \int_0^t \langle \zeta, S_{t-s}\sigma(X_s) - \sigma(X_s) \rangle dW_s$$

$$= \left\langle \zeta, \int_0^t S_{t-s}\sigma(X_s)dW_s \right\rangle - \int_0^t \langle \zeta, \sigma(X_s) \rangle dW_s.$$

Wegen Gl. (4.6) erhalten wir nun $\mathbb{P}$-fast sicher

$$\langle \zeta, X_t \rangle = \langle \zeta, S_t x_0 \rangle + \left\langle \zeta, \int_0^t S_{t-s}\alpha(X_s)ds \right\rangle + \left\langle \zeta, \int_0^t S_{t-s}\sigma(X_s)dW_s \right\rangle$$

$$= \langle \zeta, x_0 \rangle + \int_0^t \langle A^*\zeta, S_s x_0 \rangle ds$$

$$+ \int_0^t \left\langle A^*\zeta, \int_0^s S_{s-u}\alpha(X_u)du \right\rangle ds + \int_0^t \langle \zeta, \alpha(X_s) \rangle ds$$

$$+ \int_0^t \left\langle A^*\zeta, \int_0^s S_{s-u}\sigma(X_u)dW_u \right\rangle ds + \int_0^t \langle \zeta, \sigma(X_s) \rangle dW_s,$$

und folglich

$$\langle \zeta, X_t \rangle = \langle \zeta, x_0 \rangle$$

$$+ \int_0^t \left\langle A^*\zeta, \underbrace{S_s x_0 + \int_0^s S_{s-u}\alpha(X_u)du + \int_0^s S_{s-u}\sigma(X_u)dW_u}_{=X_s} \right\rangle ds$$

$$+ \int_0^t \langle \zeta, \alpha(X_s) \rangle ds + \int_0^t \langle \zeta, \sigma(X_s) \rangle dW_s$$

$$= \langle \zeta, x_0 \rangle + \int_0^t \left(\langle A^*\zeta, X_s \rangle + \langle \zeta, \alpha(X_s) \rangle \right) ds + \int_0^t \langle \zeta, \sigma(X_s) \rangle dW_s.$$

Also ist Gl. (4.5) erfüllt. □

4.2   Existenz und Eindeutig von milden Lösungen

In diesem Abschnitt untersuchen wir Existenz und Eindeutig von milden Lösungen für die SPDGL (4.1).

Definition 4.2 Wir sagen, dass *Eindeutigkeit von milden Lösungen* für die SPDGL (4.1) gilt, falls für zwei milde Lösungen X und Y der SPDGL (4.1) mit $X_0 = Y_0$ gilt $X = Y$ bis auf Ununterscheidbarkeit.

Bemerkung 4.4 Wir beachten, dass die Eindeutigkeit von milden Lösungen nicht impliziert, dass milde Lösungen auch tatsächlich existieren.

Zum Beweis der folgenden Resultate werden wir neben der Itô-Isometrie (3.8) und Lemma 3.3 die beiden folgenden Hilfssätze benutzen. Beide folgen aus der Hölder-Ungleichung.

Lemma 4.2 *Es seien $p \in [1, \infty)$ und $t \in \mathbb{R}_+$ beliebig. Dann gilt*

$$\left\| \int_0^t f(s)ds \right\|^p \leq t^{p-1} \int_0^t \|f(s)\|^p ds$$

für jedes $f \in \mathcal{L}^p([0, t], \mathcal{B}([0, t]), \lambda|_{[0,t]}; H)$.

Lemma 4.3 *Es seien $p \in [1, \infty)$ und $n \in \mathbb{N}$ beliebig. Für alle $a_1, \ldots, a_n \in \mathbb{R}$ gilt*

$$\left| \sum_{i=1}^n a_i \right|^p \leq n^{p-1} \sum_{i=1}^n |a_i|^p.$$

Theorem 4.2 *Wir nehmen an, dass α und σ lokal Lipschitz-stetig sind. Dann gilt Eindeutigkeit von milden Lösungen für die SPDGL (4.1).*

Beweis Wegen der lokalen Lipschitz-Stetigkeit von α und σ existiert zu jedem $n \in \mathbb{N}$ eine Konstante $L_n \in \mathbb{R}_+$, so dass

$$\|\alpha(x) - \alpha(y)\|^2 + \|\sigma(x) - \sigma(y)\|^2 \leq L_n \|x - y\|^2 \tag{4.12}$$

für alle $x, y \in H$ mit $\|x\|, \|y\| \leq n$. Nun seien X und Y zwei milde Lösungen für die SPDGL (4.1) mit $X_0 = Y_0$. Dann gilt $\mathbb{P}$-fast sicher

$$X_t - Y_t = \int_0^t S_{t-s}(\alpha(X_s) - \alpha(Y_s))ds + \int_0^t S_{t-s}(\sigma(X_s) - \sigma(Y_s))dW_s$$

für alle $t \in \mathbb{R}_+$. Nach Lemma 3.1 und Satz. 3.4 ist die Folge $(\tau_n)_{n \in \mathbb{N}}$ definiert durch

$$\tau_n := \inf\{t \in \mathbb{R}_+ : \|X_t\| > n\} \wedge \inf\{t \in \mathbb{R}_+ : \|Y_t\| > n\}$$

eine lokalisierende Folge von Stoppzeiten. Es seien $T \in \mathbb{R}_+$ und $n \in \mathbb{N}$ mit $n > \|X_0\|$ beliebig. Die Funktion

$$f_n : [0, T] \to \mathbb{R}, \quad f_n(t) := \mathbb{E}\big[\|X_{t \wedge \tau_n} - Y_{t \wedge \tau_n}\|^2\big]$$

ist beschränkt und nach dem Konvergenzsatz von Lebesgue stetig. Mit Lemma 4.3, Lemma 4.2 und der Itô-Isometrie (3.8) folgt

$$\begin{aligned}
f_n(t) \leq\ & 2\,\mathbb{E}\Bigg[\bigg\|\int_0^{t \wedge \tau_n} S_{(t \wedge \tau_n)-s}(\alpha(X_s) - \alpha(Y_s))ds\bigg\|^2\Bigg] \\
& + 2\,\mathbb{E}\Bigg[\bigg\|\int_0^{t \wedge \tau_n} S_{(t \wedge \tau_n)-s}(\sigma(X_s) - \sigma(Y_s))dW_s\bigg\|^2\Bigg] \\
\leq\ & 2T\,\mathbb{E}\Bigg[\int_0^{t \wedge \tau_n} \|S_{(t \wedge \tau_n)-s}(\alpha(X_s) - \alpha(Y_s))\|^2 ds\Bigg] \\
& + 2\,\mathbb{E}\Bigg[\int_0^{t \wedge \tau_n} \|S_{(t \wedge \tau_n)-s}(\sigma(X_s) - \sigma(Y_s))\|^2 ds\Bigg] \quad \forall t \in [0, T].
\end{aligned}$$

Mit Lemma A.4 und der Abschätzung (4.12) erhalten wir nun

$$\begin{aligned}
f_n(t) \leq\ & 2T\big(Me^{\beta T}\big)^2 \mathbb{E}\Bigg[\int_0^{t \wedge \tau_n} \|\alpha(X_s) - \alpha(Y_s)\|^2 ds\Bigg] \\
& + 2\big(Me^{\beta T}\big)^2 \mathbb{E}\Bigg[\int_0^{t \wedge \tau_n} \|\sigma(X_s) - \sigma(Y_s)\|^2 ds\Bigg] \\
\leq\ & 2(T + 1)\big(Me^{\beta T}\big)^2 L_n \int_0^t \mathbb{E}\big[\|X_{s \wedge \tau_n} - Y_{s \wedge \tau_n}\|^2\big] ds \\
=\ & 2(T + 1)\big(Me^{\beta T}\big)^2 L_n \int_0^t f_n(s) ds \quad \forall t \in [0, T].
\end{aligned}$$

Also folgt mit dem Lemma von Gronwall (Lemma B.1), dass $f_n \equiv 0$. Da $T \in \mathbb{R}_+$ beliebig gewesen ist, folgt, dass X^{τ_n} für jedes $n \in \mathbb{N}$ eine Version von Y^{τ_n} ist.

Da $(\tau_n)_{n \in \mathbb{N}}$ eine lokalisierende Folge ist, erhalten wir, dass X eine Version von Y. Wegen der Stetigkeit von X und Y folgt mit Satz. 3.2, dass $X = Y$ bis auf Ununterscheidbarkeit. $\qquad\square$

Theorem 4.3 *Wir nehmen an, dass α und σ Lipschitz-stetig sind. Dann existiert zu jedem $x_0 \in H$ eine eindeutig bestimmte milde Lösung X für die SPDGL (4.1) mit $X_0 = x_0$, die zugleich die eindeutig bestimmte schwache Lösung für die SPDGL (4.1) mit $X_0 = x_0$ ist.*

Beweis Die behauptete Eindeutigkeit von milden Lösungen folgt aus Theorem 4.2, so dass wir uns auf den Existenzbeweis konzentrieren können. Wir fixieren ein beliebiges $p > 1$. Wegen der Lipschitz-Stetigkeit von α und σ und Lemma B.2 sowie Lemma 4.3 existieren Konstanten $L, K \in \mathbb{R}_+$, so dass

$$\|\alpha(x) - \alpha(y)\|^{2p} + \|\sigma(x) - \sigma(y)\|^{2p} \leq L\|x - y\|^{2p} \quad \forall x, y \in H,$$

$$\|\alpha(x)\|^{2p} + \|\sigma(x)\|^{2p} \leq K(1 + \|x\|^{2p}) \quad \forall x \in H.$$

Es genügt, die Existenz einer milden Lösungen auf jedem Intervall $[0, T]$ mit einem beliebigen $T \in \mathbb{R}_+$ zu zeigen. Dazu definieren wir den Banachraum

$$L_T^{2p}(H) := L^{2p}(\Omega \times [0, T], \mathcal{P}_T, \mathbb{P} \otimes \lambda|_{[0,T]}; H)$$

Schritt 1: Für $X \in L_T^{2p}(H)$ definieren wir den Prozess ΦX durch

$$(\Phi X)_t := S_t x_0 + \int_0^t S_{t-s}\alpha(X_s)ds + \int_0^t S_{t-s}\sigma(X_s)dW_s \quad \forall t \in [0, T].$$

Dann ist der Prozess ΦX ist wohldefiniert. In der Tat, es gilt

$$\mathbb{E}\left[\int_0^T \|\alpha(X_s)\|^{2p}ds\right] \leq \mathbb{E}\left[\int_0^T K(1 + \|X_s\|^{2p})ds\right]$$

$$\leq K\left(T + \mathbb{E}\left[\int_0^T \|X_s\|^{2p}ds\right]\right) < \infty,$$

und daher auch

$$\mathbb{E}\left[\int_0^T \|\alpha(X_s)\|ds\right] < \infty.$$

Analog erhalten wir

$$\mathbb{E}\left[\int_0^T \|\sigma(X_s)\|^{2p}ds\right] \leq K\left(T + \mathbb{E}\left[\int_0^T \|X_s\|^{2p}ds\right]\right) < \infty, \qquad (4.13)$$

und daher auch

$$\mathbb{E}\left[\int_0^T \|\sigma(X_s)\|^2 ds\right] < \infty.$$

Schritt 2: Wir zeigen, dass Φ eine wohldefinierte Abbildung $\Phi : L_T^{2p}(H) \to L_T^{2p}(H)$ ist. In der Tat, für $X \in L_T^{2p}(H)$ erhalten wir nach Lemma 4.2 und Lemma A.4 die Abschätzungen

$$\mathbb{E}\left[\int_0^T \left\|\int_0^t S_{t-s}\alpha(X_s)ds\right\|^{2p}dt\right] \leq \mathbb{E}\left[\int_0^T t^{2p-1}\int_0^t \|S_{t-s}\alpha(X_s)\|^{2p}ds\,dt\right]$$

$$\leq T^{2p-1}(Me^{\beta T})^{2p}\mathbb{E}\left[\int_0^T\int_0^t K(1+\|X_s\|^{2p})ds\,dt\right]$$

$$\leq T^{2p-1}(Me^{\beta T})^{2p}K\left(\frac{T^2}{2} + T\mathbb{E}\left[\int_0^T \|X_s\|^{2p}ds\right]\right) < \infty.$$

Weiterhin erhalten wir mit Lemma 3.3 und Lemma A.4 die Abschätzungen

$$\mathbb{E}\left[\int_0^T \left\|\int_0^t S_{t-s}\sigma(X_s)dW_s\right\|^{2p}dt\right] = \int_0^T \mathbb{E}\left[\left\|\int_0^t S_{t-s}\sigma(X_s)dW_s\right\|^{2p}\right]dt$$

$$\leq C_p \int_0^T \mathbb{E}\left[\int_0^t \|S_{t-s}\sigma(X_s)\|^{2p}ds\right]dt$$

$$\leq C_p(Me^{\beta T})^{2p}\mathbb{E}\left[\int_0^T\int_0^t K(1+\|X_s\|^{2p})ds\,dt\right]$$

$$\leq C_p(Me^{\beta T})^{2p}K\left(\frac{T^2}{2} + T\mathbb{E}\left[\int_0^T \|X_s\|^{2p}ds\right]\right) < \infty.$$

Schritt 3: Wir zeigen, dass ein Index $n \in \mathbb{N}$ existiert, so dass Φ^n eine Kontraktion ist. Dann folgt mit Korollar B.1, dass Φ einen eindeutig bestimmten Fixpunkt $X \in L_T^{2p}(H)$ besitzt. Für $X, Y \in L_T^{2p}(H)$ und $t \in [0, T]$ gelten nach Lemma 4.2 und Lemma A.4 die Abschätzungen

$$\mathbb{E}\left[\left\|\int_0^t S_{t-s}(\alpha(X_s) - \alpha(Y_s))ds\right\|^{2p}\right]$$

$$\leq t^{2p-1}\mathbb{E}\left[\int_0^t \|S_{t-s}(\alpha(X_s) - \alpha(Y_s))\|^{2p}ds\right]$$

$$\leq T^{2p-1}(Me^{\beta T})^{2p}K\int_0^t \mathbb{E}[\|X_s - Y_s\|^{2p}]ds.$$

Weiterhin erhalten wir mit Lemma 3.3 und Lemma A.4 die Abschätzungen

$$\mathbb{E}\left[\left\|\int_0^t S_{t-s}(\sigma(X_s) - \sigma(Y_s))dW_s\right\|^{2p}\right]$$

$$\leq C_p\mathbb{E}\left[\int_0^t \|S_{t-s}(\sigma(X_s) - \sigma(Y_s))\|^{2p}ds\right]$$

$$\leq C_p(Me^{\beta T})^{2p}K\int_0^t \mathbb{E}[\|X_s - Y_s\|^{2p}]ds.$$

Zusammen mit Lemma 4.3 folgt nun

$$\mathbb{E}[\|(\Phi X)_t - (\Phi Y)_t\|^{2p}] \leq C\int_0^t \mathbb{E}[\|X_s - Y_s\|^{2p}]ds \quad \forall t \in [0, T].$$

wobei $C := 2^{2p-1}(T^{2p-1} + C_p)(Me^{\beta T})^{2p}K$. Induktiv erhalten wir für jedes $n \in \mathbb{N}$ die Abschätzungen

$$\|\Phi^n X - \Phi^n Y\|^{2p}_{L_T^{2p}(H)} = \int_0^T \mathbb{E}[\|(\Phi^n X)_{t_1} - (\Phi^n Y)_{t_1}\|^{2p}]dt_1$$

$$\leq C\int_0^T \left(\int_0^{t_1} \mathbb{E}[\|(\Phi^{n-1} X)_{t_2} - (\Phi^{n-1} Y)_{t_2}\|^{2p}]dt_2\right)dt_1$$

$$\leq \ldots \leq C^n\int_0^T \int_0^{t_1} \cdots \int_0^{t_{n-1}} \left(\int_0^{t_n} \mathbb{E}[\|X_s - Y_s\|^{2p}]ds\right)dt_n \ldots dt_2dt_1$$

$$\leq C^n\underbrace{\int_0^T \int_0^{t_1} \cdots \int_0^{t_{n-1}} 1 dt_n \ldots dt_2 dt_1}_{=\frac{T^n}{n!}} \mathbb{E}\left[\int_0^T \|X_s - Y_s\|^{2p}ds\right]$$

$$= \frac{(CT)^n}{n!}\|X - Y\|^{2p}_{L_T^{2p}(H)}.$$

Wegen $\frac{(CT)^n}{n!} \to 0$ für $n \to \infty$ existiert also ein Index $n \in \mathbb{N}$, so dass Φ^n eine Kontraktion ist.

Schritt 4: Da $T \in \mathbb{R}_+$ beliebig gewesen ist, existiert ein H-wertiger previsibler Prozess X, so dass $\mathbb{P}$-fast sicher

$$X_t = S_t x_0 + Y_t + Z_t \quad \forall t \in \mathbb{R}_+,$$

wobei die H-wertigen Prozesse Y und Z gegeben sind durch

$$Y_t := \int_0^t S_{t-s} \alpha(X_s) ds \quad \text{und} \quad Z_t := \int_0^t S_{t-s} \sigma(X_s) dW_s$$

für alle $t \in \mathbb{R}_+$. Die Funktion $\mathbb{R}_+ \to H$, $t \mapsto S_t x_0$ ist nach Lemma A.5 stetig, und der Prozess Y ist nach Satz. 3.8 stetig und adaptiert. Wegen (4.13) hat der adaptierte Prozess Z nach Satz. 3.11 eine stetige Version $\widetilde{Z}$, die nach Satz. 3.3 ebenfalls adaptiert ist. Also ist der Prozess $\widetilde{X}$ gegeben durch

$$\widetilde{X}_t := S_t x_0 + Y_t + \widetilde{Z}_t \quad \forall t \in \mathbb{R}_+$$

eine Version von X, die stetig und adaptiert ist. Für jedes $T \in \mathbb{R}_+$ stimmen die beiden Prozesse $X|_{\Omega \times [0,T]}$ und $\widetilde{X}|_{\Omega \times [0,T]}$ im Raum $L_T^{2p}(H)$ überein, da

$$\int_0^T \mathbb{E}\big[\|X_s - \widetilde{X}_s\|^{2p}\big] ds = 0.$$

Da es sich jeweils um Lösungen der Fixpunktgleichung handelt, ist $\widetilde{X}$ also eine milde Lösung der SPDGL (4.1) mit $\widetilde{X}_0 = x_0$.

Zusatzaussage: Bisher haben wir die Existenz und Eindeutigkeit einer milden Lösung gezeigt, die wir nun wieder mit X bezeichnen. Die behauptete Eindeutigkeit von schwachen Lösungen folgt aus Theorem 4.1 und Theorem 4.2. Wegen der Abschätzung (4.13) ist die milde Lösung X nach Theorem 4.1 auch eine schwache Lösung der SPDGL (4.1) mit $X_0 = x_0$. □

Abschließend skizzieren wir noch kurz zwei Anwendungen, bei denen wir Theorem 4.3 jeweils benutzen können.

Beispiel 4.5 Als erstes betrachten wir die sogenannte Heath-Jarrow-Morton-Musiela-Gleichung (kurz HJMM-Gleichung)

$$\begin{cases} dr_t = (\frac{d}{dx}r_t + \alpha_{\mathrm{HJM}}(r_t))dt + \sigma(r_t)dW_t \\ r_0 = h_0. \end{cases} \tag{4.14}$$

Diese Gleichung kommt aus der Finanzmathematik und wird zur Modellierung der zeitlichen Evolution von Zinskurven eingesetzt; für weitere Details hierzu und zu den folgenden Ausführungen sei auf [5] verwiesen. Wir fixieren eine monoton wachsende C^1-Funktion $w : \mathbb{R}_+ \to [1, \infty)$ mit $w^{-\frac{1}{3}} \in \mathcal{L}^1(\mathbb{R}_+)$ und betrachten den Raum H_w der Zinskurven bestehend aus allen absolutstetigen Funktionen $h : \mathbb{R}_+ \to \mathbb{R}$, so dass

$$\|h\|_w := \left(|h(0)|^2 + \int_{\mathbb{R}_+} |h'(x)|^2 w(x)dx \right)^{1/2} < \infty.$$

Dann ist $(H_w, \| \cdot \|_w)$ ein separabler Hilbertraum. Um sicherzustellen, dass das finanzmathematische Modell frei von Arbitragemöglichkeiten ist, nehmen wir an, dass die Drift $\alpha_{\mathrm{HJM}} : H_w \to H_w$ gegeben ist durch

$$\alpha_{\mathrm{HJM}}(h) := \sum_{j=1}^{\infty} \sigma^j(h) \int_0^{\bullet} \sigma^j(h)(y)dy \quad \forall h \in H_w. \tag{4.15}$$

Weiterhin nehmen wir an, dass σ Lipschitz-stetig und beschränkt ist. Dann ist α_{HJM} gegeben durch (4.15) ebenfalls Lipschitz-stetig. Die *Translationshalbgruppe* $(S_t)_{t \geq 0}$ gegeben durch $S_t h := h(t + \bullet)$ ist eine C_0-Halbgruppe auf H_w. Ihr Erzeuger $A : H_w \supset \mathcal{D}(A) \to H_w$ ist gegeben durch die erste Ableitung $Ah = h'$ auf dem Definitionsbereich $\mathcal{D}(A) = \{h \in H_w : h' \in H_w\}$.

Beispiel 4.6 Nun betrachten wir die stochastische Wärmeleitungsgleichung

$$\begin{cases} du_t = (a\Delta u_t + \alpha(u_t))dt + \sigma(u_t)dW_t \\ u_0 = x_0, \end{cases} \tag{4.16}$$

die die zeitliche Änderung der Temperatur in einem Gebiet beschreibt. Hierbei ist $a > 0$ die Temperaturleitfähigkeit des Mediums. Wir betrachten den separablen Hilbertraum $H := L^2(\mathbb{R}^d)$ und fixieren Lipschitz-stetige Koeffizienten α und σ. Die *Wärmeleitungshalbgruppe* $(S_t)_{t \geq 0}$ gegeben durch $S_0 := \mathrm{Id}$ und

$$(S_t f)(x) := \frac{1}{(4\pi t)^{d/2}} \int_{\mathbb{R}^d} \exp\left(-\frac{|x-y|^2}{4t} \right) f(y)\, dy \quad \forall t > 0$$

ist eine Kontraktionshalbgruppe auf H. Ihr Erzeuger $A : H \supset \mathcal{D}(A) \to H$ ist der Laplaceoperator $A = \Delta = \sum_{i=1}^{d} \frac{\partial^2}{\partial x_i^2}$ auf dem Sobolevraum $\mathcal{D}(A) = W^2(\mathbb{R}^d)$. Also können wir Theorem 4.3 in beiden Beispielen anwenden.

Was Sie in diesem *essential* mitnehmen können

- Die drei relevanten Lösungskonzepte für stochastische partielle Differentialgleichungen und deren Zusammenhänge (Theorem 4.1).
- Bei lokal Lipschitz-stetigen Koeffizienten gilt Eindeutigkeit von milden Lösungen (Theorem 4.2).
- Bei Lipschitz-stetigen Koeffizienten gilt Existenz und Eindeutigkeit von milden und schwachen Lösungen (Theorem 4.3).

Lineare Operatoren

A

In diesem Anhang werden wir die benötigten Konzepte und Resultate aus der Funktionalanalysis bereitstellen. In den Abschn. A.1–A.3 geht es um lineare Operatoren und in Abschn. A.4 um Operatorhalbgruppen. Weitere Details können beispielsweise in [13, 17] nachgelesen werden. Zu Operatorhalbgruppen seien außerdem die Werke [4, 10] erwähnt.

A.1   Operatoren in Banachräumen

In diesem Abschnitt seien X und Y zwei normierte Räume.

Definition A.1 Wir bezeichnen mit $L(X, Y)$ den Raum aller stetigen linearen Operatoren $T : X \to Y$. Ferner setzen wir $L(X) := L(X, X)$ und bezeichnen mit $X' := L(X, \mathbb{R})$ den *Dualraum* von X.

Definition A.2 Ein stetiger linearer Operator $T \in L(X, Y)$ heißt eine *Isometrie*, falls $\|Tx\| = \|x\|$ für alle $x \in X$.

Von nun an nehmen wir an, dass Y ein Banachraum ist.

Satz A.1 *Der Raum $L(X, Y)$, versehen mit der Operatornorm*

$$\|T\| := \sup_{\|x\| \leq 1} \|Tx\| \quad \forall T \in L(X, Y),$$

ist ebenfalls ein Banachraum.

© Der/die Herausgeber bzw. der/die Autor(en), exklusiv lizenziert an Springer-Verlag GmbH, DE, ein Teil von Springer Nature 2023
S. Tappe, *Stochastische partielle Differentialgleichungen*, essentials,
https://doi.org/10.1007/978-3-662-68349-1

Satz A.2 *Es seien $D \subset X$ ein dichter Unterraum und $T \in L(D, Y)$ ein stetiger linearer Operator. Dann existiert genau eine stetige Fortsetzung; das heißt, ein stetiger linearer Operator $\widehat{T} \in L(X, Y)$ mit $\widehat{T}|_D = T$. Zusätzlich gilt $\|\widehat{T}\| = \|T\|$.*

Definition A.3 Eine lineare Abbildung $T : X \to Y$ heißt *kompakt*, falls das Bild der Einheitskugel $T(\{x \in X : \|x\| \leq 1\})$ relativkompakt in Y ist. Wir bezeichnen mit $L_0(X, Y)$ den Raum aller kompakten Operatoren $T : X \to Y$. Ferner setzen wir $L_0(X) := L_0(X, X)$.

Satz A.3 *$L_0(X, Y)$ ist ein abgeschlossener Unterraum von $L(X, Y)$, und damit selbst ein Banachraum.*

Von nun sei auch X ein Banachraum.

Definition A.4 Ein linearer Operator $T \in L(X, Y)$ heißt *nuklear*, falls Folgen $(x'_n)_{n\in\mathbb{N}} \subset X'$ und $(y_n)_{n\in\mathbb{N}} \subset Y$ existieren, so dass $\sum_{n=1}^{\infty} \|x'_n\| \, \|y_n\| < \infty$ und

$$T x = \sum_{n=1}^{\infty} x'_n(x) y_n \quad \forall x \in X.$$

Wir bezeichnen mit $L_1(X, Y)$ den Raum aller nuklearen Operatoren $T : X \to Y$. Ferner setzen wir $L_1(X) := L_1(X, X)$.

Satz A.4 *Der Raum $L_1(X, Y)$, versehen mit der nuklearen Norm*

$$\|T\|_{L_1} := \inf \left\{ \sum_{n=1}^{\infty} \|x'_n\| \, \|y_n\| : T = \sum_{n=1}^{\infty} x'_n y_n \text{ mit } x'_n \in X' \text{ und } y_n \in Y \; \forall n \in \mathbb{N} \right\},$$

ist ein Banachraum. Außerdem gilt $L_1(X, Y) \subset L_0(X, Y)$.

Satz A.5 *Es sei Z ein weiterer Banachraum. Dann gelten die folgenden Aussagen:*

1. *Für $T \in L(X, Y)$ und $S \in L_1(Y, Z)$ gilt $ST \in L_1(X, Z)$.*
2. *Für $T \in L_1(X, Y)$ und $S \in L(Y, Z)$ gilt $ST \in L_1(X, Z)$.*

A.2   Operatoren in Hilberträumen

In diesem Abschnitt seien H und K Hilberträume. Der folgende Darstellungssatz von Fréchet-Riesz zeigt, dass $H \cong H'$.

Satz A.6 *Zu jedem $x' \in H'$ existiert ein eindeutig bestimmtes Element $x \in H$ mit $x' = \langle x, \bullet \rangle$. Außerdem gilt $\|x\| = \|x'\|$.*

Definition A.5 Zu jedem $T \in L(H, K)$ ist der zu T adjungierte Operator der eindeutig bestimmte lineare Operator $T^* \in L(K, H)$, so dass

$$\langle Tx, y \rangle_K = \langle x, T^*y \rangle_H \quad \forall x \in H \quad \forall y \in K.$$

Definition A.6 Ein linearer Operator $T \in L(H)$ heißt *selbstadjungiert*, falls $T = T^*$. Mit anderen Worten, es gilt

$$\langle Tx, y \rangle = \langle x, Ty \rangle \quad \forall x, y \in H.$$

Definition A.7 Es sei $T \in L(H)$ ein stetiger linearer Operator.

1. T heißt *positiv semidefinit* (in Zeichen $T \geq 0$), falls $\langle Tx, x \rangle \geq 0$ für alle $x \in H$.
2. T heißt *positiv definit* (in Zeichen $T > 0$), falls $\langle Tx, x \rangle > 0$ für alle $x \in H$, $x \neq 0$.

Wir bezeichnen mit $L^+(H)$ die Menge aller positiv semidefiniten Operatoren $T \in L(H)$, und mit $L^{++}(H)$ die Menge aller positiv definiten Operatoren $T \in L(H)$.

Satz A.7 *Es sei $T \in L_0^+(H)$ selbstadjungiert. Dann existiert ein eindeutig bestimmter selbstadjungierter Operator $S \in L_0^+(H)$ mit $S^2 = T$. Wir schreiben $S = T^{1/2}$.*

Von nun an nehmen wir an, dass die beiden Hilberträume H und K separabel sind. Wir nehmen außerdem an, dass H unendlich-dimensional ist; andernfalls sind im Folgenden endliche Orthonormalbasen und endliche Summen zu betrachten.

Definition A.8 Für $T \in L_1(H)$ ist die *Spur* von T definiert als

$$\operatorname{tr}(T) := \sum_{k=1}^{\infty} \langle Te_k, e_k \rangle, \tag{A.1}$$

wobei $(e_k)_{k \in \mathbb{N}}$ irgendeine Orthonormalbasis von H ist.

Lemma A.1 *Die Spur* tr $: L_1(H) \to \mathbb{R}$ *ist ein wohldefiniertes stetiges lineares Funktional.*

Das folgende Resultat zeigt, warum nukleare Operatoren auf Hilberträumen auch manchmal Operatoren der Spurklasse genannt werden.

Lemma A.2 *Ein positiv semidefiniter Operator $T \in L^+(H)$ ist genau dann nuklear, wenn* tr$(T) < \infty$, *wobei die Spur auch hier gemäß (A.1) definiert ist.*

Definition A.9   Ein kompakter Operator $T \in L_0(H, K)$ heißt ein *Hilbert-Schmidt-Operator*, falls

$$\|T\|_{L_2} := \left(\sum_{k=1}^{\infty} \|T e_k\|^2 \right)^{1/2} < \infty \qquad (A.2)$$

wobei $(e_k)_{k \in \mathbb{N}}$ irgendeine Orthonormalbasis von H ist. Wir bezeichnen mit $L_2(H, K)$ den Raum aller Hilbert-Schmidt-Operatoren $T : H \to K$. Ferner setzen wir $L_2(H) := L_2(H, H)$.

Satz A.8 *Der Raum $L_2(H, K)$, versehen mit der Hilbert-Schmidt-Norm (A.2), ist ein separabler Hilbertraum.*

Satz A.9 *Es sei L ein weiterer separabler Hilbertraum. Dann gelten die folgenden Aussagen:*

1. *Für $T \in L(H, K)$ und $S \in L_2(K, L)$ gilt $ST \in L_2(H, L)$.*
2. *Für $T \in L_2(H, K)$ und $S \in L(K, L)$ gilt $ST \in L_2(H, L)$.*
3. *Für $T \in L_2(H, K)$ und $S \in L_2(K, L)$ gilt $ST \in L_1(H, L)$.*

A.3   Unbeschränkte Operatoren

Es seien X und Y zwei Banachräume.

Definition A.10   Ein linearer Operator $A : X \supset \mathcal{D}(A) \to Y$ heißt *abgeschlossen*, falls der Graph

$$\mathrm{gr}(A) := \{(x, Ax) : x \in \mathcal{D}(A)\}$$

abgeschlossen in $X \times Y$ ist.

Lemma A.3 *Es sei $A : X \supset \mathcal{D}(A) \to Y$ ein abgeschlossener Operator.*

1. *Der Raum $\mathcal{D}(A)$, versehen mit der Graphennorm*

$$\|x\|_{\mathcal{D}(A)} = \left(\|x\|^2 + \|Ax\|^2\right)^{1/2} \quad \forall x \in \mathcal{D}(A),$$

   ist ein Banachraum.
2. *Sind X und Y separable Hilberträume, so ist $(\mathcal{D}(A), \|\cdot\|_{\mathcal{D}(A)})$ ebenfalls ein separabler Hilbertraum.*

Nun sei H ein Hilbertraum. Weiterhin sei $A : H \supset \mathcal{D}(A) \to H$ ein dicht definierter Operator. Unser Ziel ist die Definition des adjungierten Operators A^*. Dazu definieren wir den Unterraum

$$\mathcal{D}(A^*) := \{y \in H : x \mapsto \langle Ax, y\rangle \text{ ist stetig auf } \mathcal{D}(A)\}.$$

Es sei $y \in \mathcal{D}(A^*)$ beliebig. Nach Satz A.2 besitzt der lineare Operator

$$\mathcal{D}(A) \to \mathbb{R}, \quad x \mapsto \langle Ax, y\rangle$$

eine eindeutig bestimmte Fortsetzung zu einem stetigen linearen Funktional $z' \in H'$. Nach Satz A.6 existiert ein eindeutig bestimmtes Element $z \in H$ mit $z' = \langle z, \bullet\rangle$. Also gilt

$$\langle Ax, y\rangle = \langle x, z\rangle \quad \forall x \in \mathcal{D}(A).$$

Nun setzen wir $A^*y := z$. Da $y \in \mathcal{D}(A^*)$ beliebig gewesen ist, ist dadurch ein linearer Operator $A^* : H \supset \mathcal{D}(A^*) \to H$ definiert, und es gilt

$$\langle Ax, y\rangle = \langle x, A^*y\rangle \quad \forall x \in \mathcal{D}(A) \quad \forall y \in \mathcal{D}(A^*).$$

Definition A.11 Der so definierte lineare Operator $A^* : H \supset \mathcal{D}(A^*) \to H$ heißt der *adjungierte Operator* von A.

Satz A.10 *Es sei $A : H \supset \mathcal{D}(A) \to H$ dicht definiert und abgeschlossen. Dann ist $A^* : H \supset \mathcal{D}(A^*) \to H$ ebenfalls dicht definiert und es gilt $A = A^{**}$.*

A.4   Stark stetige Operatorhalbgruppen

In diesem Abschnitt sei X ein Banachraum.

Definition A.12 Eine *stark stetige Operatorhalbgruppe* (oder C_0-*Halbgruppe*) ist eine Familie $(S_t)_{t\geq 0}$ von stetigen linearen Operatoren $S_t : X \to X$ mit folgenden Eigenschaften:

1. $S_0 = \mathrm{Id}$.
2. $S_{s+t} = S_s S_t$ für alle $s, t \geq 0$.
3. $\lim_{t\to 0} S_t x = x$ für alle $x \in X$.

Lemma A.4 *Es sei $(S_t)_{t\geq 0}$ eine C_0-Halbgruppe. Dann existieren Konstanten $M \geq 1$ and $\beta \in \mathbb{R}$, so dass*

$$\|S_t\| \leq M e^{\beta t} \quad \forall t \geq 0. \tag{A.3}$$

Wenn wir $M = 1$ und $\beta = 0$ in (A.3) wählen können, mit anderen Worten

$$\|S_t\| \leq 1 \quad \forall t \geq 0$$

gilt, so nennen wir die C_0-Halbgruppe $(S_t)_{t\geq 0}$ eine *Kontraktionshalbgruppe*.

Lemma A.5 *Es sei $(S_t)_{t\geq 0}$ eine C_0-Halbgruppe. Dann gelten folgende Aussagen:*

1. Die Abbildung

$$\mathbb{R}_+ \times X \to X, \quad (t, x) \mapsto S_t x$$

   ist stetig.
2. Für alle $x \in X$ und $T \in \mathbb{R}_+$ ist die Abbildung

$$[0, T] \to X, \quad t \mapsto S_t x$$

   gleichmäßig stetig.

Definition A.13 Es sei $(S_t)_{t\geq 0}$ eine C_0-Halbgruppe. Der *infinitesimale Erzeuger* (oder kurz *Erzeuger*) von $(S_t)_{t\geq 0}$ ist der Operator $A : X \supset \mathcal{D}(A) \to X$, definiert auf dem Unterraum

$$\mathcal{D}(A) := \left\{ x \in X : \lim_{t \to 0} \frac{S_t x - x}{t} \text{ existiert} \right\}$$

und gegeben durch

$$Ax := \lim_{t \to 0} \frac{S_t x - x}{t} \quad \forall x \in \mathcal{D}(A).$$

Satz A.11 *Der Erzeuger* $A : X \supset \mathcal{D}(A) \to X$ *einer* C_0-*Halbgruppe* $(S_t)_{t\geq 0}$ *ist dicht definiert und abgeschlossen.*

Lemma A.6 *Es sei* $(S_t)_{t\geq 0}$ *eine* C_0-*Halbgruppe mit Erzeuger* A. *Dann gelten folgende Aussagen:*

1. *Für jedes* $x \in \mathcal{D}(A)$ *ist die Funktion*

$$\mathbb{R}_+ \to X, \quad t \mapsto S_t x$$

   stetig differenzierbar; mit anderen Worten, sie gehört zur Klasse $C^1(\mathbb{R}_+; X)$.
2. *Für alle* $t \geq 0$ *und* $x \in \mathcal{D}(A)$ *gilt* $S_t x \in \mathcal{D}(A)$ *und*

$$\frac{d}{dt} S_t x = A S_t x = S_t A x.$$

3. *Für alle* $t \geq 0$ *und* $x \in X$ *gilt* $\int_0^t S_s x \, ds \in \mathcal{D}(A)$ *und*

$$A \left(\int_0^t S_s x \, ds \right) = S_t x - x.$$

4. *Für alle* $t \geq 0$ *und* $x \in \mathcal{D}(A)$ *gilt*

$$\int_0^t S_s A x \, ds = S_t x - x.$$

Satz A.12 *Es sei* $(S_t)_{t\geq 0}$ *eine* C_0-*Halbgruppe mit Erzeuger* A. *Dann ist die Familie der Restriktionen* $(S_t|_{\mathcal{D}(A)})_{t\geq 0}$ *eine* C_0-*Halbgruppe auf* $(\mathcal{D}(A), \| \cdot \|_{\mathcal{D}(A)})$ *mit dem*

Erzeuger $A : \mathcal{D}(A) \supset \mathcal{D}(A^2) \to \mathcal{D}(A)$ *auf dem Definitionsbereich*

$$\mathcal{D}(A^2) := \{x \in \mathcal{D}(A) : Ax \in \mathcal{D}(A)\}.$$

Bemerkung A.1 Gemäß Lemma A.3 ist $(\mathcal{D}(A), \|\cdot\|_{\mathcal{D}(A)})$ auch ein Banachraum; und sogar ein separabler Hilbertraum, sofern X einer ist.

Satz A.13 *Es seien H ein Hilbertraum und $(S_t)_{t \geq 0}$ eine C_0-Halbgruppe auf H mit Erzeuger A. Dann ist die Familie der adjungierten Operatoren $(S_t^*)_{t \geq 0}$ eine C_0-Halbgruppe auf H mit Erzeuger A^*.*

Bemerkung A.2 Hierbei ist der adjungierte Operator $A^* : H \supset \mathcal{D}(A^*) \to H$ durch Definition A.11 gegeben.

Weitere Hilfsresultate

B

In diesem Anhang stellen wir weitere Hilfsresultate, die in diesem Buch benötigt werden, bereit. Die Beweise zum Banach'schen Fixpunktsatz und zum Lemma von Gronwall können beispielsweise in [16] nachgelesen werden.

B.1 Der Banach'sche Fixpunktsatz

In diesem Abschnitt wiederholen wir den gut bekannten Banach'schen Fixpunktsatz sowie eine Schlussfolgerung daraus.

Definition B.1 Es seien (E, d) ein metrischer Raum und $\Phi : E \to E$ eine Abbildung.

(a) Die Abbildung Φ heißt eine *Kontraktion*, falls eine Konstante $L \in [0, 1)$ existiert, so dass

$$d(\Phi(x), \Phi(y)) \leq L \cdot d(x, y) \quad \forall x, y \in E.$$

(b) Ein Element $x \in E$ heißt ein *Fixpunkt* von Φ, falls $\Phi(x) = x$.

Satz B.1 *Es seien E ein vollständiger metrischer Raum und $\Phi : E \to E$ eine Kontraktion. Dann hat Φ genau einen Fixpunkt.*

Für uns wird vor allem die folgende Schlussfolgerung aus dem Banach'schen Fixpunktsatz von Interesse sein.

© Der/die Herausgeber bzw. der/die Autor(en), exklusiv lizenziert an
Springer-Verlag GmbH, DE, ein Teil von Springer Nature 2023
S. Tappe, *Stochastische partielle Differentialgleichungen*, essentials,
https://doi.org/10.1007/978-3-662-68349-1

Korollar B.1 *Es seien E ein vollständiger metrischer Raum und $\Phi : E \to E$ eine Abbildung, so dass für ein $n \in \mathbb{N}$ die Abbildung Φ^n eine Kontraktion ist. Dann hat Φ genau einen Fixpunkt.*

Beweis Existenz: Nach dem Banach'schen Fixpunktsatz (Satz B.1) hat die Abbildung Φ^n genau einen Fixpunkt. Es existiert also genau ein $x \in E$ mit $\Phi^n(x) = x$. Es folgt

$$\Phi(x) = \Phi(\Phi^n(x)) = \Phi^n(\Phi(x)),$$

weshalb $\Phi(x)$ ein Fixpunkt von Φ^n ist. Da Φ^n genau einen Fixpunkt besitzt, folgt $\Phi(x) = x$. Also ist x ein Fixpunkt von Φ.

Eindeutigkeit: Es sei $y \in E$ ein weiterer Fixpunkt von Φ. Es gilt also $\Phi(y) = y$. Induktiv folgt

$$\Phi^n(y) = \Phi^{n-1}(\Phi(y)) = \Phi^{n-1}(y) = \ldots = \Phi(y) = y,$$

und somit ist y ein Fixpunkt von Φ^n. Da x der eindeutig bestimmte Fixpunkt von Φ^n ist, folgt $x = y$. $\qquad\square$

B.2   Das Lemma von Gronwall

In diesem Abschnitt wiederholen wir kurz das bekannte Lemma von Gronwall.

Lemma B.7 *Es seien $T \in \mathbb{R}_+$ und $f : [0, T] \to \mathbb{R}_+$ eine nichtnegative, stetige Funktion. Weiterhin sei $\beta \in \mathbb{R}_+$ eine Konstante, so dass*

$$f(t) \le \beta \int_0^t f(s)ds \quad \forall t \in [0, T].$$

Dann gilt bereits $f \equiv 0$.

B.3   Lipschitz-stetige Funktionen

In diesem Abschnitt wiederholen wir kurz einige grundlegende Eigenschaften Lipschitz-stetiger Funktionen. Im Folgenden seien X und Y zwei normierte Räume.

Definition B.2 Es sei $f : X \rightarrow Y$ eine Funktion.

1. f heißt *Lipschitz-stetig*, falls eine Konstante $L \in \mathbb{R}_+$ existiert, so dass

$$\|f(x_1) - f(x_2)\| \leq L\|x_1 - x_2\| \quad \forall x_1, x_2 \in X. \tag{B.1}$$

2. f heißt *lokal Lipschitz-stetig*, falls eine Funktion $L : \mathbb{R}_+ \rightarrow \mathbb{R}_+$ existiert, so dass für alle $r \in \mathbb{R}_+$ gilt

$$\|f(x_1) - f(x_2)\| \leq L(r)\|x_1 - x_2\| \quad \forall x_1, x_2 \in X \text{ mit } \|x_1\|, \|x_2\| \leq r.$$

3. f erfüllt die *lineare Wachstumsbedingung*, falls eine Konstante $K \in \mathbb{R}_+$ existiert, so dass

$$\|f(x)\| \leq K(1 + \|x\|) \quad \forall x \in X.$$

Offensichtlich ist jede Lipschitz-stetige Funktion auch lokal Lipschitz-stetig.

Lemma B.8 *Jede Lipschitz-stetige Funktion $f : X \rightarrow Y$ erfüllt die lineare Wachstumsbedingung.*

Beweis Wir setzen $K := L + \|f(0)\|$, wobei $L \in \mathbb{R}_+$ eine Konstante wie in (B.1) ist. Dann gilt

$$\|f(x)\| \leq \|f(x) - f(0)\| + \|f(0)\| \leq L\|x\| + \|f(0)\| \leq K(1 + \|x\|)$$

für alle $x \in X$. $\qquad\qquad\qquad\qquad\qquad\qquad\qquad\qquad\qquad\qquad\qquad\qquad\quad \square$

Literatur

1. Bauer, H.: Maß- und Integrationstheorie, 2. Aufl. de Gruyter, Berlin (1992)
2. Da Prato, G., Zabczyk, J.: Stochastic Equations in Infinite Dimensions, 2. Aufl. Cambridge University Press, Cambridge (2014)
3. Elstrodt, J.: Maß- und Integrationstheorie, 6. Aufl. Springer, Berlin (2009)
4. Engel, K.-J., Nagel, R.: One-parameter Semigroups for Linear Evolution Equations. Springer, New York (2010)
5. Filipović, D.: Consistency Problems for Heath-Jarrow-Morton Interest Rate Models. Springer, Berlin (2001)
6. Gawarecki, L., Mandrekar, V.: Stochastic Differential Equations in Infinite Dimensions with Applications to SPDEs. Springer, Berlin (2011)
7. Jacod, J., Shiryaev, A.N.: Limit Theorems for Stochastic Processes, 2. Aufl. Springer, Berlin (2003)
8. Karatzas, I., Shreve, S.E.: Brownian Motion and Stochastic Calculus. Springer, New York (1991)
9. Liu, W., Röckner, M.: Stochastic Partial Differential Equations: An Introduction. Springer, Heidelberg (2015)
10. Pazy, A.: Semigroups of Linear Operators and Applications to Partial Differential Equations. Springer, New York (1983)
11. Prévôt, C., Röckner, M.: A Concise Course on Stochastic Partial Differential Equations. Springer, Berlin (2007)
12. Rozovskiĭ, B.: Stochastic Evolution Systems. Mathematics and Its Applications, Bd. 35. Kluwer Academic, Dordrecht (1990)
13. Rudin, W.: Functional Analysis, 2. Aufl. McGraw-Hill, New York (1991)
14. Tappe, S.: Foundations of the theory of semilinear stochastic partial differential equations. Int. J. Stoch. Anal. **2013**, Article ID 798549, 25 (2013)
15. Walsh, J.B.: An Introduction to Stochastic Partial Differential Equations. In: École d'été de Probabilités de Saint-Flour, XIV-1984. Lecture Notes in Mathematics, Bd. 1180, S. 265–439. Springer, Berlin (1986)
16. Walter, W.: Gewöhnliche Differentialgleichungen, 7. Aufl. Springer, Berlin (2000)
17. Werner, D.: Funktionalanalysis, 4. Aufl. Springer, Berlin (2002)

Printed in the United States
by Baker & Taylor Publisher Services